AF850648

EUROPEAN ESSAYS ON NATURE AND LANDSCAPE

Landschaften sind grenzübergreifend, der Blick auf Landschaften und die Kenntnis von ihnen schaffen Gemeinsamkeiten. Geschichte, Politik, Geologie, Wirtschaft, Biologie, Kunst und Literatur und viele Wissensbestände mehr werden in der Betrachtung der EUROPEAN ESSAYS ON NATURE AND LANDSCAPE zum Gegenstand. Die Beschäftigung mit Landschaften schärft den Blick auf die uns umgebende Natur und sie regt zum eigenen Naturerleben an. Wir sind auf unsere Landschaften in vielfältigem Sinn angewiesen, sie sind unsere Lebensgrundlage – vor allem die der kommenden Generationen. Warum Essays? Der Essay ist streng im Blick auf das Ergebnis, nicht aber in der Systematik. Im Mittelpunkt steht oft die persönliche Auseinandersetzung der Autorin oder des Autors mit dem jeweiligen Gegenstand. Alles ist erlaubt, wenn es die Lesenden dem Gegenstand näherbringt, ihn für sie erschließt. Der Essay ermöglicht einen an Perspektiven reichen Blickwinkel. In der hier vorgestellten Buchreihe den Blick auf Landschaften und Naturphänomene in Europa.

UNTER BÄUMEN

»›Wald ist ein Ausschnitt der Erdoberfläche, der von Bäumen dominiert wird.‹ Diese Wikipedia-Definition hat mich amüsiert, als ich sie las. Darin könnte allerdings auch ein Hinweis stecken: Wälder für sich sind sinnleer, ohne Sinn. Wer über Wälder redet, redet über die Beziehung von Menschen zu Wäldern. Das gilt auch für Bäume. Wir handeln vom Wald – wir handeln von uns selber. Und werden dabei gewahr: Die forstwirtschaftliche Gewissheit der klugen Ausbeutung ist dahin. Wir suchen. Und bei der Suche, so denk ich, bietet UNTER BÄUMEN eine Art Waldlehrpfad.« Helmut Schreier

EUROPEAN ESSAYS ON NATURE AND LANDSCAPE

HELMUT SCHREIER

UNTER BÄUMEN

KJM Buchverlag

Die EUROPEAN ESSAYS ON NATURE AND LANDSCAPE
werden von Klaas Jarchow herausgegeben.

Das Werk einschließlich aller seiner Teile ist
urheberrechtlich geschützt. Jede Verwertung ist ohne
Zustimmung der Urheber unzulässig.
Das gilt insbesondere für Vervielfältigungen, Übersetzungen,
Mikroverfilmungen und die Einspeicherung und Verarbeitung
in elektronischen Systemen.

1. Auflage März 2023
Copyright © 2023 by Waldlichtung UG
Simrockstr. 9a, 22587 Hamburg
www.europeanessays.eu
ISBN 978-3-96194-204-6
Vertrieb: KJM Buchverlag, Hamburg
www.kjm-buchverlag.de

Satz, Gestaltung: Svenja Wiese, Hamburg
Gesetzt aus der Alisal und Scala Sans
gedruckt auf Munken Pure 120 g, Überzug f-color natur Hanf geprägt
Cover und Umschlaggestaltung: Rothfos & Gabler, Hamburg
unter Verwendung von shutterstock_498904678
Korrektorat: Rainer Kolbe, Hamburg
Herstellung: Eberhard Delius, Berlin
Druck & Bindung: Gugler GmbH, Melk/Donau
Printed in Austria
Alle Rechte vorbehalten

CERTIFIED cradle to cradle SILVER
PurePrint® by gugler* drucksinn.at

UW-Nr. 609

print 4 climate®
klimapositiv gedruckt

FSC MIX Papier FSC® C005108

Mehr über die European Essays
on Nature and Landscape:
www.europeanessays.eu

Jetzt rede du. Ich lasse dir das Wort!
Verstummt ist Klag und Jubel. Ich will lauschen.

Conrad Ferdinand Meyer

Die Natur und unser Bild von ihr sind nicht voneinander zu trennen.
Landschaft ist das Werk des Geistes. Sie besteht ebenso aus Schichten
von Mythen und Ideen wie aus Gesteinsschichten.

Simon Schama

Radweg unterm Laubdach © Helmut Schreier

Leben aus Licht

Sonnenlicht fällt durch die Lücken im Laubdach und wirft ein Muster aus Flecken und Punkten auf die Wegdecke. Vor meinem Fahrrad entrollt sich das Bilderband, übersät mit Sonnensprossen in allen möglichen Größen und Formen. Leuchtende Inselchen auf schattigem Asphalt, durchsetzt mit Haufen von Sonnentalern, hingestreuten Illusionen von sekundenlang aufscheinendem Reichtum. Das Muster des Teppichs wird durch das fortlaufende Dach der Buchen- und Robinienzweige auf den Weg projiziert. Wie die meisten finde ich gefleckte Oberflächen interessant – Apfelschimmel, Sommersprossen, Fleckvieh. Aber die Gegenwart der Bäume, die sich hier auf dezente Weise aufdrängt, ist ein Bonus: Unter Bäumen ist mir wohl. Ihre Nähe gibt mir Gelassenheit, den Vorschein des Gefühls, angekommen zu sein.

Wahrscheinlich könnte man – von den Sonnentalern auf dem Radweg ausgehend – eine Ästhetik des Schattens verschiedener Bäume entwickeln, etwa der doppelten Wohltat des Schattens unter Nussbäumen, die in der sommerlichen Hitze nicht nur Kühle spenden, sondern auch die Mücken fernhalten. Mir ist der mehrfach gebrochene Schatten noch lieber, den ich unter dem Kandelaber meiner Eberesche finde: ein Halbschatten, von Sonnenspuren durchsetzt, die als feingestricktes Sonnenmuster auf die Kleider und Gesichter meiner Freunde fallen. Wären sie dem strahlenden Licht ausgesetzt, müssten sie ihre Augen unwillkürlich schließen, unter dem Schatten eines Sonnenschirms säßen sie unbeleuchtet im Halbdunkel, aber die Eberesche mit ihren lagenweise in alle Richtungen gerichteten Fiederblättern rückt jeden ins schönste Licht. Die Schattenästhetik ließe sich mit Beispielen aus anderen Weltgegenden leicht fortführen, etwa der besonderen Sinnlichkeit der schattigen Dämmerwelt in den Hallen der Sequoia-Wälder Kaliforniens. Dort drängt der Duft der Harzöle in die Lunge und verkündet selbst Blinden die Präsenz der alten Giganten. Und der Schatten der indischen Niim-Bäume in den Dörfern Afrikas wäre ein eigenes belehrendes Kapitel wert: die Rede des alten Teehaus-Betreibers auf Sansibar, der unter dem riesigen Blätterdach seines Niim-Baumes erklärte, wie der Aufguss aus den Blättern Malaria heilt und als Infusion oder als Wickel gegen 40 Krankheiten hilft. Im Schatten des Baumes spürte ich damals eine besondere Heiterkeit, und die vielen Besucher erschienen von der Bereitschaft zu lächeln ergriffen.

Ein perfekt kreisrunder Sonnentaler taucht auf dem Asphalt vor mir auf, und ich suche im Blätterdach nach der dazu passenden Lücke. Vergeblich, dort gibt es kein vollkommen rundes Schlüsselloch. Aber das braucht es auch nicht. Eine winzige Öffnung zwischen den Blättern genügt dem Lochkamera-Effekt bereits, um ein fotografisches Abbild der Sonnenscheibe auf den Radweg zu werfen: ein Selfie der Sonne, entlang dieser Strecke hundertfach zwischen den Blättern des Laubdaches wie durch die Löcher in einem Durchschlagsieb aufgenommen. Lauter verkappte Hinweise auf den Stern, der unser Leben am Laufen hält.

Über eine Distanz von 150 Millionen Kilometern treibt das Sonnenlicht die Maschinerie der Bäume. Sie nehmen, wie alle grünen Pflanzen, Kohlendioxid aus der Luft und Wasser aus dem Boden und verwandeln diese Stoffe mit Hilfe des Lichts in Luft zum Atmen und Stärke zum Essen (Kohlenhydrate). Wir sind angewiesen auf das, was sie liefern, weil wir weder Kohlenhydrat noch Sauerstoff selbst erzeugen können. Im Unterschied zu den Pflanzen gehören wir zu den Lebewesen, die einander aufessen müssen, um leben zu können. Man könnte uns Substanz-Diebe nennen und, ganz gleich, ob wir Früchte essen oder das Fleisch anderer Tiere, Parasiten der Pflanzenwelt. Das Urteil klingt ein wenig harsch – vielleicht wäre die Vorstellung des Austauschs von Geschenken freundlicher und angemessener, denn Großzügigkeit ist ja gewissermaßen ein Hauptcharakterzug der Natur. Und dann ist da ja auch noch eine Wechselwirkung, die uns unser Parasitentum zur Symbiose umdeuten hilft, zumindest, was den Atem der Welt betrifft.

Mit jedem Atemzug nehme ich Sauerstoff auf, den grüne Pflanzen seit Jahrmillionen in die Atmosphäre abgeben. Aus den Wäldern steigt die Ausdünstung der Bäume empor, ich atme tief ein und spüre den Sauerstoffschub in den Lungenflügeln. Beim Ausatmen gebe ich Kohlendioxid in die Luft zurück, und dies nehmen Pflanzen ihrerseits auf, um mehr Kohlenhydrate zu erzeugen. Eine junge Eiche streckt ihre Blätter so ins Sonnenlicht, als ob sie mir diesen Assimilationsprozess zeigen wollte, jedes Blatt eine Maschine zur Erzeugung von Kohlenhydraten. Ich betrachte die leuchtenden Blätter und versuche, den Verwandlungsprozess wahrzunehmen. So werde ich Zeuge der fortwährenden Erschaffung der Welt. Pflanzen halten alles am Leben. Wären sie nicht da, wären auch wir nicht da. Der Physiker Carl Sagan hat den eleganten Zyklus dieser Wechselbeziehung »eine Art planetenumspannende wechselseitige Mund-zu-Mund-Beatmung« genannt.

Ich beiße in einen Apfel, kaue und fühle, wie der Apfelbrei durch die Speiseröhre in meinen Magen rutscht. In meinen Eingeweiden wird sich der Kohlenwasserstoff mit dem Sauerstoff verbinden, der in meinem Blut gelöst ist, und dabei bekomme ich die Energie, die mich am Laufen hält.

So hängt das Leben der Menschen am Leben der Pflanzen, und angesichts dieser Verbindung ahnt man womöglich etwas von dem großen Zusammenhang, den wir aufs Spiel setzen im Zeitalter mit dem Namen »Anthropozän«, was besagt: Das menschliche Handeln bestimmt den Lauf der Welt. Hoffentlich gewinnt die Einsicht in die wechselseitige Abhängigkeit bei unseren Entscheidungen an Einfluss. Womöglich fallen dabei allerdings die Geschichten, die wir einander erzählen, noch stärker ins Gewicht als die Erkenntnis.

Aus dem dunklen Spiegel meiner Erinnerung taucht ein Leiterwagen auf, einer mit Deichselgriff und Eisenreifen um die hölzernen Räder. Ich bin drei Jahre alt, sitze zwischen Kissen und Decken darin, meine Mutter, meine Großmutter, mein Großvater sind da, unterwegs mit Dutzenden Leuten aus der

Nachbarschaft. Es ist Abend, wir ziehen aus der Stadt hinaus, über Straßenpflaster und dann auf Sandwegen, den alten Hohlweg hinauf zum Obersberg. Es wird dunkel, da ist eine Kuhherde auf der Weide, ich habe den warmen Geruch noch in der Nase, und dann auf einmal sind über mir Bäume mit mächtigen Schirmen. Wir sind angekommen. Hier sind wir sicher, höre ich meine Mutter sagen. Die Stimmen vieler Leute klingen leise von überall her. Kein Feuer, kein Licht: Kein Flieger soll uns ausfindig machen. Es herrscht ja Krieg.

Im Morgenlicht zockeln wir zurück. Mein Großvater untersucht die Fassade unseres Hauses in der Bismarckstraße und findet eine lange Reihe von Kratern: Maschinengewehr, sagt er auf seine einsilbige Art. Wir haben diesmal Glück gehabt, sagen die Leute. Dort, über dem Bahnhof, jemand zeigt in Richtung der benachbarten Stadt, ist der Himmel mitten in der Nacht hell wie am Tag gewesen. (Zur Erinnerung: In der Bombennacht von Kassel, am 22. Oktober 1943, warfen 500 Flugzeuge der Alliierten 400 000 Brandbomben über Kassel ab, die Innenstadt verbrannte, die Zahl der Toten wird auf 10 000 geschätzt.) Wie oft wir in jener Zeit der Fliegerangriffe über Nacht in den Wald gezogen sind, ein Dutzend Mal oder öfter, kann ich nicht ermitteln, aber es war häufig genug, um mir eine vor allen Überlegungen liegende Gewissheit vom Wald als Schutz und sicherem Aufenthalt zu geben.

Beim Pilzesuchen in den Wäldern brachte mir mein Großvater in den Nachkriegsjahren die einfache Etikette des Waldlaufens bei. Sie bestand aus nur zwei Regeln, auf deren Einhalt er allerdings streng achtete: *1. Rede nicht, höre! 2. Hinterlass keine Spuren!* Ich versuche immer noch, mich daran zu halten, und fühle mich dabei manchmal wie der alte Waldläufer, als der er mir immer erschien. An seiner Seite durchschritt ich die unterschiedlichen Räume der Nadelhölzer und Buchenwälder und fand dabei dauernd neue architektonische Varianten von dunklen Kammern und strahlenden Kathedralen. Zwischen Fichtenwänden folgten wir einem Buckelweg, der sich vor einer moosbedeckten Böschung zu einer mit Astwerk und Zweigen bedeckten Arena ausweitete. Unter den Zweigen leuchteten Hunderte von gelben knopfartigen Pfifferlingen. Wir traten in Buchenhallen mit glatten grauen Stämmen wie Säulen, hinter denen sich ein weiter Horizont auftat, in der Ferne zockelte ein Sprung Rehe vorüber, aber die Offenheit war zugleich von den Serien der Stämme so eingeschränkt, dass Fernes und Nahes eine Balance bildeten. Es gab trockene beigefarbene Böden, mit feinem hellen Gras bedeckt und fest unterm Tritt, und dann als Kontrast, kaum waren wir eine halbe Stunde bergab gegangen, durch schwarzen Schlamm mit tiefen Fahrspuren und Wasserlöchern, in denen Molche mit Rückenkämmen und roten Bäuchen schwebten. Die Bestände der Buchen und Hainbuchen, Eichen, Kiefern und Fichten ordneten sich zu je eigenen Gestalten von Unterholz und Stamm-Galerie. Und ihre Muster hingen auf irgendeine geheimnisvolle Weise mit der Bodenbeschaffenheit zusammen, als ob ihre Vielfalt dort im Grunde schon angelegt sei. Ich nahm die Eindrücke wie eine Kette schöner Reize wahr. Was man als durchkomponierte Eleganz der Waldräume bezeichnen könnte, wirkte damals heftig auf meine Phantasie, obwohl mir die Wörter fehlten, das auszudrücken, was mir vor

Sporendruck: Aus den Lamellen von drei verschiedenen Blätterpilzen sind über Nacht unterschiedlich gefärbte Sporen gefallen Fixierung © Helmut Schreier

Augen lag und mich ansprach. Der Großvater und ich glaubten, wir könnten anhand der Anmutung eines Waldraumes vorhersagen, welche Sorte Pilze dort mit etwas Glück zu finden seien, und wir ließen uns auch dann nicht von dieser Gewissheit abbringen, wenn wir gar keine Pilze fanden. Sie könnten ja dort immer noch später auftauchen, und hatten wir nicht im vergangenen Jahr genau am Fuß jener alten Kiefer eine mächtige Krause Glucke gefunden?

Von der Erinnerung um das Wort »Pilz« fällt ein Licht auf die lange Zeitspanne, die seit jenen Jahren vergangen ist. Dass Fuß und Hut als Fruchtstände von einem weit im Boden verzweigten Geflecht hervorgebracht wurden, war mir auf vage Weise schon damals bekannt. Wir wussten auch, dass Sommersteinpilze in der Nähe von Eichbäumen wachsen und Rotkappen in der Nähe von Birken. Aber vom Ausmaß der Symbiose, vom Austausch der Substanzen zwischen Bäumen und Pilzen und vom Kommunikationsnetzwerk des *wood wide web* hatten wir keine Ahnung. Dies alles ist ja erst Ende der Neunzigerjahre hervorgekommen und wirkt als anhaltender Einfluss in Richtung eines neuen, veränderten Waldbildes. »Den Wald lesen lernen« – ein Projekt, das immer weitergeht.

Jedenfalls entdeckte ich in jenen Kinderjahren (den späten 1940ern und frühen 1950ern) den Reichtum an Naturschönheit, einen Schatz, den ich nicht mehr verlieren sollte. Das macht, dass ich dieser Tage an den tief herabschwingenden Ästen der beiden Kiefernbäume im strömenden Regen am Gartenzaun stehen bleibe. Sie fangen Regentropfen auf und lassen sie wie Glasperlen an den langen Kiefernnadeln baumeln. Der Perlenschmuck schimmert im Licht. Eine Ringeltaube, die unter den überhängenden Zweigen Schutz gefunden hat, schaut mich aus gelben Augen an. Ihr plumper tropfenförmiger Körper in seinem grauen Federkleid harmoniert mit den tiefgrünen Büscheln der Kiefernpinsel. Das Bild erinnert an japanische Farbholzschnitte, und Kants Begriff vom »Naturschönen« kommt in den Sinn: Als Beleg dafür, dass im Schönen der Natur das metaphysische Versprechen einer harmonischeren Welt liegt. Ich gestehe, dass mir die Philosophie, bei allem Trost, den sie zu liefern vermag, manchmal ein wenig überfrachtet erscheint. Ein simples Wort wie das englische »pretty« trifft es womöglich besser, wenn man auf einen Dialog mit den Dingen aus ist und sie nicht mit verkappten Erwartungen belasten möchte. Angesichts des Arrangements vor meinen Augen fällt mir jenes alte englische Weihnachtslied ein, das mit diesem Vers beginnt: *»The first day of Christmas my true love gave to me a partridge in a pear tree.«* (»Am ersten Weihnachtstag schenkte mir meine treue Liebe ein Rebhuhn in einem Birnbaum.«) Und noch ein Winterbild, das ich ab und zu im Schnee zu sehen kriege: Manchmal erscheinen in den kahl gewordenen, aber mit roten Beerendolden behängten Zweigen des Vogelbeerbaumes zwei Dompfaffen. Sie flöten den immer gleichen melancholisch klingenden einzelnen Flötenton und ernten sorgfältig Beere um Beere. Ich weiß nicht, woher sie kommen, den Sommer über sehe ich sie nie. Jetzt inszenieren sie ihren Auftritt, tauchen – stets als Paar – unvermittelt im dunklen Zweigfiligran vor schneebedecktem Gelände und graugetöntem Winterhimmel auf, als rote Kugelgestalten kostümiert, und bestreuen den Schnee mit Fetzen von Beerenschalen, die sie mit ihren Schnäbeln abgelöst haben von den winzigen Kernen, die sie als einzigen Teil der Beere zu sich nehmen. *Pretty.* Ich sehe mich als Fan ihrer Show, habe mir aber angewöhnt, nur leise zu applaudieren.

Neben dem »Naturschönen« brachte Immanuel Kant den Begriff des »Erhabenen der Natur« ins Spiel – das, was uns fremd ist und unser Denken überschreitet, sodass wir zu sprachlosen und doch faszinierten Zeugen werden. Kant selbst war vom erhabenen Anblick des gestirnten Himmels berührt, und wahrscheinlich wäre die im Juli 2022 veröffentlichte Aufnahme des *James-Webb-Space-Teleskop* vom Südlichen Ringnebel, der die 2500 Lichtjahre entfernte Gaswolke eines sterbenden Sterns zeigt, ihm als geeignetes Beispiel erschienen, um zu illustrieren, was in der Literatur meist »das Sublime« der Natur genannt wird. Ob es auch Bäume gibt, die sublim wirken und uns mit Ehrfurcht und Unzugänglichkeit ergreifen? Wahrscheinlich. Und wahrscheinlich liegt es an mir selbst, dass mich kein einziger all der seltsamen und gigantischen Bäume, denen ich begegnet bin, erschüttert, verängstigt oder auch nur eingeschüchtert hat. Ich habe sie stets als Verbündete gesehen.

Wälder der Erde – Waldlandschaften im Urstromtal

Verlyn Klinkenborg, eine amerikanische Ökologin, berichtet, dass (weltweit) derzeit jedes Jahr 30 Milliarden Bäume gefällt oder verbrannt oder sonst wie zum Verschwinden gebracht werden. Das ist eine Zahl, die alles übersteigt, was durch laufende Baumpflanz-Aktionen wettgemacht werden könnte. (Abgesehen davon, dass eine Plantage von Heistern – jungen Bäumchen – Wert und Leistung eines alten Waldes ohnehin nicht ersetzt.) Deprimierend – wie so viele Nachrichten über den Zustand der Wälder auf der Erde.

Welch schönes Paradox, dass ausgerechnet ein Gang in den nächstgelegenen Wald diese (wie manche aus anderen Quellen gespeiste) Depression lindern kann! Der therapeutische Waldzauber ist immer noch ein für die meisten einigermaßen zugängliches Privileg. Sein Anblick, sein Geruch erinnern daran, dass die Welt viel weiter und großzügiger ist, als sie auf dem Bildschirm meiner eigenen engen Vorstellungen erscheint.

Seit fünfzehn Jahren lebe ich an der Mittelelbe zwischen Fluss und Wäldern, die auf Moränenhügeln (Resten der beiden letzten Vergletscherungen) im Lauf der Zeit entstanden sind und in ganz verschiedener Gestalt zutage treten. Fünf dieser Waldgestalten habe ich ausgesucht, um sie hier nacheinander als Sequenz in ihrer Vielgestaltigkeit vorzuführen, mit einem Akzent auf ihrer jeweiligen Geschichte – in der Absicht, die andauernden Veränderungen der Landschaft als Funktion menschengemachter Wirtschaft und Politik plausibel zu machen: Wälder sind Gebilde von Menschenhand.

Bertolt Brechts Ausruf im Gedicht »An die Nachgeborenen« (1934–38) – *»Was sind das für Zeiten, wo ein Gespräch über Bäume fast ein Verbrechen ist«* – erscheint inzwischen ins Gegenteil verkehrt: Wäre es nicht ein Zeichen für Destruktion oder Blindheit, kein Gespräch über Bäume zu führen? Zumal solche Gespräche nicht notwendig auf dystopische Phantasien hinauszulaufen brauchen, sondern beispielsweise auch die Tiefendimension unserer Beziehung zu den Bäumen ausloten können. Außerdem ist während der letzten Jahrzehnte viel interessantes Neues über Bäume ans Licht gekommen. Es wäre wohl ein Fehler, in einem Buch über Bäume mit regionalem Fokus diese überregionalen Erkenntnisse und Tendenzen nicht zu erwähnen.

Ich folge zwei unterschiedlichen Ansichten: Die erste ist mit den fünf naheliegenden Wäldern mitsamt ihren besonders ausgeprägten Ecken und Winkeln befasst, wo etwa alte Wälder oder neu inszenierte Heidelandschaften auftreten. Die zweite widme ich Erkenntnissen und Überlegungen zu universellen, aber verwandten Themen. Vielleicht so, wie man beim Gespräch auf einem Waldspaziergang ab und zu ins Philosophieren gerät. Auf den ersten Blick ist da die Kontinuität des Textflusses unterbrochen, aber am Ende finden A und B zur Einheit.

Als Robert Pirsig 1974 sein unvergessenes Buch »Zen und die Kunst, ein Motorrad zu warten« verfasste, erzählte er einerseits die Geschichte seiner epischen Motorradfahrt durch Amerika und spekulierte und philosophierte andererseits auf einer eher abstrakten Ebene. Diese zweite Textsorte nannte er »Chautauqua« – ein Wort der Ureinwohner, das später zum Namen einer Volksbildungs-Bewegung wurde. Eine angemessene Übersetzung wäre wohl »offen miteinander sprechen«.

Erste Station: Langendorfer Höhe

Glücklicherweise ist es zum nächsten Wald nicht weit. Zu Fuß die Straße hinunter, und nach nur fünf Minuten umfängt mich ein Forst aus lauter Kiefern ziemlich gleicher Größe. Ich schätze das Alter der Bäume auf siebzig Jahre, jünger als ich selbst es bin, was ein seltsames Gefühl der interspezifischen moralischen Gleichwertigkeit auslöst, etwas, das gängigen Klischeevorstellungen über alte Bäume und den im Vergleich mit ihnen gleich-

Passage einer Böschung in der »Wüste Gobi«

Zeichnung © Rüdiger Tillmann

bleibend jungen Menschen widerspricht. Manchmal ertappe ich mich dabei, wie ich eine verdreht gewachsene Kiefer mit einem Tätscheln ermutige, weiterzuwachsen (und empfinde dabei, wie völlig unangemessenes und überflüssig diese sich anbiedernde Geste ist). Der Forst bedeckt das buckelige Moränengelände der Langendorfer Höhe mit Stangen ziemlich gleichen Umfangs und gleicher Länge. Wie Soldaten eines Heeres marschieren sie hügelauf und hügelab über das Moos, ein braver Wald in forstwirtschaftlichen Diensten. Dass sie etwa gleichen Alters sind, deutet auf die gleiche Pflanzzeit in den Fünfzigerjahren hin, nach dem Abholzen der Wälder in der Nachkriegszeit. Wie aber hat das Land vorher ausgesehen? »Da war Heide«, höre ich öfters sagen, und stelle mir leichtgläubig vor, wie zwei der Dampfpflüge, die ich im Museum sah, an einem Stahltau die tiefschürfende Pflugschar hin und her zogen und so das Heideland für den Forstbau urbar machten. Beim Recherchieren finde ich allerdings erstmal nichts, das dies Narrativ für diesen Ort belegen würde.

Mein Nachbar Heinrich ist 93 Jahre alt und kennt den Kiefernwald seit seiner Kindheit und viel besser als ich. Die Stellen, an denen er massenhaft »Pfefferlinge« findet, verrät er nicht. *»Aber der Wald«,* sagt er, *»ist schon immer da gewesen.«* Und das Messtischblatt (Karte im Maßstab 1:25 000) von 1939, das ich auftreibe, gibt ihm recht. Grün getönt umreißt es tatsächlich die Fläche des Waldes, den wir kennen. Bis auf eine quadratische Lücke, eine Sandgrube, die im Lauf der Zeit kleiner geworden ist, während die Kette von Sandgrubenseen, die unter den Leuten »Wüste Gobi« heißt, auf dem Messtischblatt noch fehlt. Die Gruben sind erst beim Bau des neuen Elbdeiches – bis

1987 – ausgehoben worden und hatten sich Anfang des neuen Jahrhunderts zu einer prachtvollen skandinavisch anmutenden Seenplatte mit Birkendickichten entwickelt. In jenen Jahren fiel noch genug Regen, sodass dort ein phantastisches Biotop entstehen konnte. Heinke Kelm, die alle in diesem Landstrich vorkommenden Pflanzen kennt und das »Wüste Gobi«-Biotop im Blick hat, erklärt mir, dass dort seltene Gräser vorkommen, zwei verschiedene Arten Bärlapp, Torfmoos, Seggen, auch Sonnentau. Dies sei zugleich der artenreichste Lebensraum für Libellen weit und breit. Woher all diese Wesen gekommen seien, wisse man nicht. Das offene Gelände zwischen Böschungskante und Forstrand, wo eine gespenstisch wirkende Kiefer mit verdrehten Ästen über den weißen Sandspuren und dem grauen Islandmoos wacht, birgt mehrere Arten von in Deutschland gefährdeten Flechten. So hat sich an den Sandgruben mitten im Stangenwald eine kleine, feine Gesellschaft vielfältiger Arten etabliert. Um dies Biotop zu erhalten, muss man für Licht sorgen und die von allen Seiten heranrückenden Birken und Kiefern wegschneiden und abfahren. Aber die Dürresommer der letzten Jahre haben die flachen Seen austrocknen lassen, und Moose und Flechten sind von den Sandböden großenteils verschwunden.

Hans-Jürgen Kelm, Förster und Ehemann von Heinke Kelm, holt eine Karte aus dem Jahr 1881 hervor, und auch auf diesem Messtischblatt (»Landesaufnahme« 1:25 000) ist der Wald schon da. Doch dann zeigt er eine Karte der Kurhannoverschen Landesaufnahme aus dem Jahr 1776, auf der eine völlig andere Landschaft erscheint: große, waldbedeckte Inseln im breiten

Elbestrom, die hundert Jahre später verschwunden sind aus einem inzwischen kanalisierten Fluss, der sich zwischen Tausenden von Buhnen selbstständig eine Fahrrinne ausspült. Am auffälligsten an der alten Karte sind die eigenartigen wolkenförmigen Eintragungen, die im gesamten kartierten Gebiet verteilt auftauchen. Man möchte sie spontan als Sandflächen deuten, aber es könnte auch das sein, was man damals unter »Heide« verstand: ein zugrunde gerichtetes Land, auf dem weder Feldfrüchte noch Bäume zu gedeihen vermochten, vielleicht *Calluna vulgaris*, das Heidekraut, aber vielleicht nicht einmal das. Hans-Jürgen Kelm erklärt, dass auch die als Waldflächen kartierten Gebiete keineswegs zeigen, was wir Heutigen als »Wald« erkennen würden. Damals war das Erscheinungsbild vom Raubbau an Bäumen und Boden geprägt. Die Not der Menschen machte jeden Reiser kostbar, man schneitelte (beschnitt) belaubte Triebe, um sie im Winter wie Heu zu verfüttern und die Reiser für Flechtwerk zu nutzen, im Sommer fraßen Herden von Vieh, Schweinen, Schafen, Ziegen jeden erreichbaren Trieb, und der Waldboden wurde, nicht nur von Heidebauern, zur Einstreu in den Ställen abgeplaggt und im Frühjahr als Dünger auf den mageren Ackerböden ausgebracht. Ich versuche, mir das ramponierte Land mit seinen verkrüppelten Bäumen und weiten Sandflächen vorzustellen. Es sei, sagt Hans-Jürgen Kelm, eine Zeit der Waldzerstörung gewesen. Das Wort trifft das, was ich mir vorstelle, und doch finde ich etwas in dem desolaten Land, das mich auf subtile Weise anspricht, vielleicht eine Art Romantik des Verlorenseins oder umgekehrt die Bestätigung eines uralten Dranges, wegzuziehen und anderswo neu anzufangen?

Ein Glück, dass ich die Kelms als Gesprächspartner gefunden habe: Sie geben mir Zugang zu genau dem Wissen, das meine Sicht des Waldes historisch vertieft. Zwischen den Daten 1776 und 1881 ist die Waldzerstörung in Waldaufbau durch planvolle Forstwirtschaft umgeschlagen. Die Forsten, die damals auf der Langendorfer Höhe angelegt wurden, spiegeln einen für Deutschland typischen waldpolitischen Auf- und Umbruch. Der Wendepunkt 1776 liegt da sogar ein wenig spät. Das Mittelelbeland, so scheint mir bisweilen, ist dem, was gesellschaftlich angesagt war, stets verspätet nachgekommen. In der Verordnung Friedrichs, *»der Schweden, Gothen und Wenden Königs und Landgrafen zu Hessen«*, aus dem Jahr 1739 finde ich eine »Baumpflantz-Ordnung«, die eine neue Sorgfältigkeit und Baumpflege-Einstellung durchzusetzen sucht. Um das weitgehende Ausmaß und die Art und Weise dieser für alle Siedlungen geltenden Baumpolitik zu ermessen (ein Auszug folgt auf der nächsten Seite).

Man ahnt beim Lesen, wie weit die Gestalt unserer Landschaften durch derartige Vorschriften und deren rigorose Durchsetzung geprägt worden ist. Vielleicht genügt es, die Waldgeschichte im Rahmen dieses historischen Umbruchs stehen zu lassen. Und doch reizt auch der Blick in die weiter zurückliegende Vergangenheit, auf Zeiträume, in denen Menschen die Gestalt des Landes auf weniger planvolle Weise kontrollierten.

Die vom Kiefernwald bedeckte Langendorfer Höhe ist der Rest einer Moräne aus der Gletscherzeit Norddeutschlands in der vorletzten Kaltzeit, der so genannte Elster-Kaltzeit, die vor

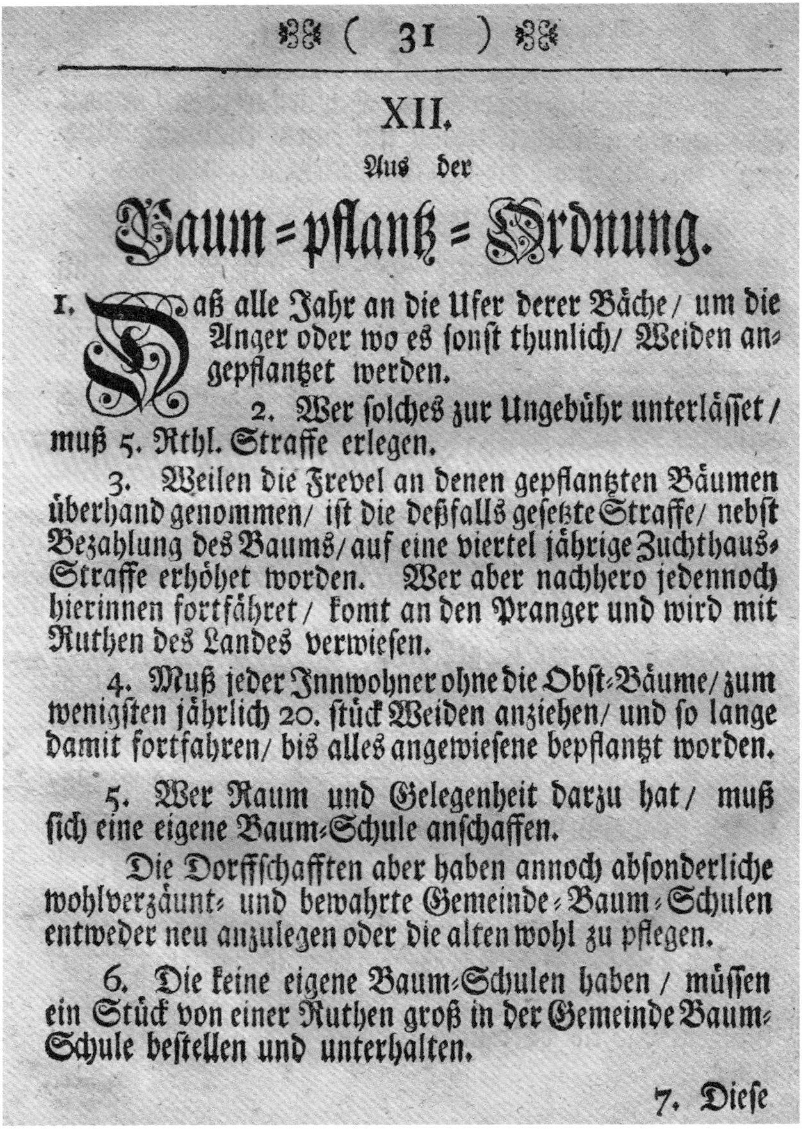
(31)

XII.

Aus der

Baum=pflantz=Ordnung.

1. Daß alle Jahr an die Ufer derer Bäche/ um die Anger oder wo es sonst thunlich/ Weiden angepflantzet werden.

2. Wer solches zur Ungebühr unterlässet/ muß 5. Rthl. Straffe erlegen.

3. Weilen die Frevel an denen gepflantzten Bäumen überhand genommen/ ist die deßfalls gesetzte Straffe/ nebst Bezahlung des Baums/ auf eine viertel jährige Zuchthaus-Straffe erhöhet worden. Wer aber nachhero jedennoch hierinnen fortfähret/ komt an den Pranger und wird mit Ruthen des Landes verwiesen.

4. Muß jeder Innwohner ohne die Obst-Bäume/ zum wenigsten jährlich 20. stück Weiden anziehen/ und so lange damit fortfahren/ bis alles angewiesene bepflantzt worden.

5. Wer Raum und Gelegenheit darzu hat/ muß sich eine eigene Baum-Schule anschaffen.

Die Dorffschafften aber haben annoch absonderliche wohlverzäunt- und bewahrte Gemeinde-Baum-Schulen entweder neu anzulegen oder die alten wohl zu pflegen.

6. Die keine eigene Baum-Schulen haben / müssen ein Stück von einer Ruthen groß in der Gemeinde Baum-Schule bestellen und unterhalten.

7. Diese

Verordnung Friedrichs der Schweden, Gothen und Wenden Königs und Landgrafen zu Hessen aus dem Jahr 1739

© Archiv Helmut Schreier

etwa 320 000 Jahren zu Ende ging und die hier in der Gegend aufgehäuften Moränen zurückließ: den Drawehn, den Höhbeck und auch die Langendorfer Höhe. Darauf folgte nach einer Zwischeneiszeit die nächste Kältezeit mit dem seither letzten oder jüngsten Gletscher. Der schob sich als Eiswand in der Weichsel-Kaltzeit von Schweden her über das Land und kratzte sogar der Ostsee den Beckenboden aus. Die Vergletscherung begann vor 115 000 Jahren und endete vor etwa 12 000 Jahren. Da wurden dann die Schmelzwasserströme des ablaufenden Eises durch die Barriere der (von der Elster-Kaltzeit zurückgelassenen) Moränen nach Nordwesten abgeleitet. So bildete sich das breite Urstromtal der Elbe, das heute als grüne Talaue vor uns liegt. Vom Fahrradweg aus, der neben der Straße am Kamm der Langendorfer Höhe entlangführt, habe ich oberhalb der Biogasanlage einen freien Blick über das weite Tal und erkenne den Lauf des Stroms an den Linien der Weiden- und Schwarzpappelgebüsche an beiden Ufern: Wie die großen Inseln in der Mitte des Stroms auf der Karte von 1776 längst abgeräumt und verschwunden sind, ist auch die stellenweise kilometerbreite Weichholzaue (Dickicht aus Weiden, Erlen, Pappeln) durch Weideland verdrängt und aufgelöst worden. Der Anblick der Barriere aus Bäumen und Fluss soll Drusus, den Sohn des Kaisers Augustus, vor 2032 Jahren (im Jahr 9 v. u. Z.) dazu gebracht haben, seinem Pionierbataillon die Umkehr zu befehlen.

Von den drei Gasbehältern der Biogasanlage erscheint der dritte so rund und hoch aus dem Boden herausgehoben, dass es aussieht, als sei der Mond am Rande der Talsohle gelandet. Hier ist der Blick auf das weite Auenland frei, weil die Bäume von einem Sturm am Nachmittag des 5. Oktober 2017 in der gesamten Seitensenke herausgedreht und umgelegt wurden. Sie lagen über ein Areal von 300 mal 200 Metern verstreut wie Stäbe beim Mikado-Spiel durcheinander und übereinander. Leo, ein japanischer Schüler, der damals zu Gast war, kam bleich von seiner Erkundung (eine Stunde nach dem Durchzug von »Xavier«, so der amtliche Name des Orkans) mit dem Fahrrad zurück: Schlimm, ja, wirklich schlimm sehe es aus. Auch heuer, fünf Jahre später, liegt ein Teil der Stämme immer noch kreuz und quer auf der inzwischen von allerlei Gebüsch bewachsenen Senke verstreut, und aus den Lücken treiben Kirschbäume und Robinien hervor. Ich erinnere »Xavier« als sehr lautes unablässiges Brausen, ein Geräusch wie kein anderes. Wir fanden beim abendlichen Rundgang in der Nachbarschaft vom Wind abgedrehte dicke, tonnenschwere Eichen-, Ulmen- und Kastanienäste. Die Bäume standen Anfang Oktober noch im Laub, dies muss wie ein Spinnaker gewirkt haben, und wenn der Wind einen Ast abriss, musste ein detonationsartiges Krachen entstanden sein. Aber das gewaltige Brausen des Orkans hatte alles derart übertönt, dass das Krachen der Äste in ihm »aufgehoben« war. Während der langen Dauer des Dröhnens in unseren Ohren war uns völlig gegenwärtig, dass die da hörbare Macht auch die Bäume erfassen würde, und in diese Gewissheit mischte sich bange Furcht davor, dass es auch uns selbst treffen könnte.

In den letzten zwei Jahrzehnten scheinen orkanartige Stürme häufiger geworden zu sein: »Lothar« 1999, »Dorian« 2005, »Britta« 2006, »Kyrill« 2007, »Klaus« 2009, »Niklas« 2015, »Xavier« 2017, »Friederike« 2018, »Mortimer« 2019, »Sabine« 2020, »Yulia« 2020, »Ylenia« 2022, »Zeynep« 2022.

Wahrscheinlich gehören Ereignisse wie »Xavier« zu einem inzwischen etablierten Wettermuster, sodass wir damit rechnen müssen, dass unsere Wälder alle Jahre wieder von Windwurf und Windbruch heimgesucht werden. Bei Waldgängen fällt mir auf, dass auf den vom Sturm geworfenen Schneisen regelmäßig Holzerntemaschinen auftauchen. Ich finde es faszinierend, bei dieser Arbeit zuzuschauen. Meist ist da ein einziger Mann am Werk, der die Maschine steuert. Ihre Arme ergreifen Stamm für Stamm, schneiden jeden ab, entfernen Äste und Rinde und häufen das Holz in akkurat gekürzter Länge so am Wegesrand auf, dass es der Transporter mit dem Kran leicht abräumen kann. Ein solcher Harvester (Erntemaschine) ist – im Vergleich mit einem Trupp Waldarbeiter – enorm effizient, und er hilft, die beim gefährlichen Geschäft des Holzfällens häufigen und manchmal tödlichen Unfälle zu vermeiden. Kein Wunder, dass es diese Maschinen sind, die das Geschäft der Waldarbeit verändern, das durch die zunehmende Zahl der Stürme mit Windbruch gleichsam beflügelt wird. Überall Spuren davon. Hier im Stangenwald auf der Langendorfer Höhe stehe ich an Flurstücken, in denen das schwere Gerät tiefe Gräben in den Boden hineingetrieben hat. Hier liegt die schmale dunkle Humusdecke und die ähnlich schmale graue Zwischendecke in schützengrabenartigen Wall- und Grabenaufschüttungen vor mir, durchmischt mit dem weißen Sand des alten Heidelandes. Unwahrscheinlich, dass diese Art Verwüstung dem Erhalt des Waldes, der Artenvielfalt oder dem Zweck der Kohlendioxidaufnahme dienlich ist.

Nicht weit entfernt am Waldrand eine einzelne alte Eiche mächtigen Umfangs, eine Huteeiche, Relikt der vor-forstwirtschaftlicher Heide vor mehr als zweihundert Jahren. Ich sehe, dass einer der beiden tragenden großen Äste abgedreht und herabgerissen ist und erschrecke. Vor Jahren, in einer dunklen Stunde meines Lebens, hatte ich ihn aufgesucht und in seiner starken Erscheinung Zuversicht gefunden. Noch immer ist er umfangreich genug, um den Harvester nicht fürchten zu müssen. Dessen Sägekopf ist für einen bestimmten Stammumfang (»Hiebreife«) ausgelegt, den bereits der abgerissene Ast meiner Eiche im Gras weit überschreitet.

Vielleicht wird sich im Wechselspiel zwischen Harvestern und Forsten im Lauf der Zeit ein Arbeitsoptimum einpendeln, das die Gestalt künftiger Waldlandschaften einheitlich prägt. Die Traktoren und Erntemaschinen haben ja die Landschaft des Ackerbaus durch die Beseitigung von Knicks und Heckenreihen und schiere Ausdehnung der Schläge längst verändert. Dicke Bäume behindern die auf maximale Holzausbeute gerichtete Forstwirtschaft. Wäre es nicht konsequent, sie zu eliminieren?

Vielleicht rettet sie – außer dem wissenschaftlichen Interesse – ein neuer Wirtschaftszweig, der so genannte Erholungsfunktionen des Waldes bedient. Alte Bäume sind besonders attraktiv, auch wenn sie schwierig zu ernten sind und öfters als Naturdenkmal unter Schutz stehen, was bisweilen extra Kosten verursacht. Wir Waldgänger, die weder als Förster noch Jäger unterwegs sind, kommen da mit unserem Interesse ins Spiel, das auch politisch ins Gewicht fällt, weil die Öffentlichkeit den Betrieb des Waldes mitfinanziert. Wir Bürger ohne Waldbesitz verfügen in Deutschland über das Privileg, Wälder betreten zu dürfen, auch wenn diese privates oder staatliches Eigentum sind. Das ist keineswegs in allen Ländern selbstverständlich. Wie oft habe ich in Amerika vor eingezäunten Wäldern gestanden: *Private Property, No Trespassing.* Die Praxis der Rechtsprechung hat unterschiedliche Muster hervorgebracht, die in Deutschland, der Tradition entsprechend, für alle den Zugang zu den Wäldern offen hält, auch wenn dabei Interessenkonflikte – etwa mit Jägern – zu lösen sind.

Von der Kuhbrücke über der Bundesstraße öffnet sich ein ähnlicher Blick wie bei der Biogasanlage auf die weite Prärielandschaft der Elbtalaue mit ihren Erlenhainen und Waldstücken. Oft sehen wir auch von hier aus einen Sprung Rehe, die sich mitten auf einer der offenen Grasflächen aufhalten: ein neues Verhaltensmuster, das wir seit fünf oder sechs Jahren wahrnehmen. Vorher blieben sie eher in der Deckung von Baumgruppen oder Gebüsch. Seit die Wölfe sich wieder im Lande angesiedelt haben, meiden die Tiere, was sie vorher suchten: Verstecke, aus denen sich ein Wolf anschleichen könnte. Die Anwesenheit der Wölfe wird seit den Jahren des Anbeginns – hier seit 2010 – immer noch heftig diskutiert. Wie oft höre ich dabei das Mantra »Der Wolf gehört ins Jagdrecht!«, intoniert als Diktum, das Endgültigkeit heischt.

Der Begründer der Umweltethik, Aldo Leopold (1887–1948), war vor etwa hundert Jahren persönlich an den amerikanischen Ausrottungskampagnen gegen Wölfe beteiligt. In seinem Text »Denken wie ein Berg« schildert er, wie er angesichts einer sterbenden Wölfin fühlt, dass der Berg, auf dem sich die Szene abspielt, mit diesem Abschuss nicht einverstanden ist. Als ob der Berg selbst Partei nähme für das Lebensrecht der Wölfe. Hier im Kiefernforst auf der Langendorfer Höhe stelle ich mir manchmal das Erscheinen eines Wolfes vor: Im Dämmerlicht taucht er völlig geräuschlos und halb verdeckt zwischen den Stangen auf und schaut mich an. Es könnte ja sein. Da rückt eine Möglichkeit ins Bild, die vorher nicht da war, etwas nicht Beherrschbares, eine Art Botschaft aus Zeiten, als dies Land noch Wildnis war. Da gewinnt dieser Stangenacker für mich eine neue Dimension. Denn ein Wald, in dem du einem Wolf begegnen kannst, hat eine Möglichkeit zu bieten, die der wolflosen Baumplantage abgeht: die Begegnung mit dem Wilden. *In Wildness is the Preservation of the World*: Henry David Thoreaus bekanntester Spruch – »Im Wilden liegt die Rettung der Welt« – hat etwas Rätselhaftes, bis man begriffen hat, dass ein Leben ohne Aussicht auf das Wilde – die Erfahrung von Leidenschaft und Abenteuer – kümmerlich bleibt.

Sieben Wolfswelpen, aufgenommen mit der Fotofalle im Juli 2014 im Gartower Forst

Foto: © Britta Habbe, Wolfs-Beauftragte der Landesjägerschaft

Mykorrhiza-Symbiose: Wie Bäume und Pilze einen Organismus bilden

Seit etwa zwei Jahrzehnten hat sich die Sache herumgesprochen: Die Wurzelspitzen der Waldbäume sind durch Myzelfäden von Pilzen im Boden – für uns einigermaßen unsichtbar – miteinander vernetzt. Die Pilze zapfen den Bäumen Kohlenhydrate ab – Nährstoffe, die sie für den Aufbau ihrer eigenen Pilzfilamente und der aus Filamenten zusammengefügten Pilzkörper brauchen –, und sie geben den Bäumen gewissermaßen im Gegenzug Phosphor, Stickstoff (vor allem Nitrat und Ammonium) und Spurenelemente wie Eisen, Kupfer und Zink – Enzyme, die den Bäumen helfen, Parasiten abzuwehren wie zum Beispiel den Honiggelben Hallimasch (*Armillaria mellea*), einen Pilz, der das Holz von Laubbäumen zersetzt. Das Pilzmyzel-Netz der Symbionten (Pilze, die mit Bäumen in Symbiose leben) speichert Wasser und vergrößert den Einzugsbereich der Baumwurzeln, was es denen erleichtert, Dürrezeiten zu überstehen.

Mein Großvater und ich hüteten uns beim Pilzesammeln in den Fünfzigerjahren vor Giftpilzen. Wir konnten die meisten auf Anhieb mit ziemlicher Sicherheit bestimmen, so sicher, wie man ein Pferd von einer Kuh unterscheidet. Wir wussten, dass wir nach Rotkappen im Birkenwald, nach Steinpilzen in der Nähe von Eichen und nach Pfifferlingen unter Nadelbäumen zu suchen hatten, und wir kannten bereits das Wort Myzel und diskutierten mit anderen Pilzsammlern darüber, ob es besser für das Myzel ist, Pilze per Hand aus dem Boden zu drehen oder sauber mit dem Messer abzuschneiden. (Wir blieben beim Dre-

Honiggelber Hallimasch (Armillaria mellea), Aquarell von Jean-Henri Fabre, 1823–1915

© Muséum d'Histoire naturelle, Paris

hen und anschließendem Säubern des Fußes mit dem Messer, weil es dem Myzel ja egal ist, auf welche Weise der »Sporenträger« entfernt wird.) Damals kannten wir die Radioaktivität noch nicht als Bedrohung. Tschernobyl lag in der Zukunft. Inzwischen ist bekannt, dass Pilze mit ihren extrem feinen »Hyphen«-Filamenten (weniger als 1 µm Durchmesser!) Partikel aufnehmen und speichern, die Pflanzenwurzeln nicht zugänglich sind. Beim Verzehr manches schönen Steinpilzes fragen Freunde nach der Strahlenbelastung, und wir verrechnen unseren Leichtsinn mit unserem Lebensalter und medizinischen Schätzungen der Dauer bis zum Ausbruch der Krankheit. Mein Großvater ahnte, dass Pilze und Bäume möglicherweise auf irgendeine Weise voneinander profitieren, aber das Ausmaß der Symbiose, das in den späten Neunzigerjahren wissenschaftlich aufgedeckt wurde, hätte ihm (wie es auch mir geschah) eine neue Perspektive auf den Wald eröffnet.

Noch stärker hätte uns die Vorstellung überrascht, dass Bäume und Pilze über das Netz aus Myzel und Wurzelspitzen einander warnen und miteinander wer weiß was noch alles kommunizieren. Diese Sache, die das Wissenschaftsmagazin »Science« im Jahre 1997 *wood wide web* getauft hatte (der Name ist hängen geblieben), hat auch neue Forschungsfelder hervorgebracht. Man untersucht chemische Botenstoffe, die über das Pilzfadengeflecht von Baum zu Baum weitergegeben werden. Welche Stoffe signalisieren zum Beispiel den Angriff von Borkenkäfern, und welche Giftstoffe produziert der gewarnte Baum zur Abwehr? Chemische Signale stellen eine gewissermaßen etablierte Kommunikationsfigur dar. Auch wenn da noch viele Beobachtungen zusammenzutragen sind, gilt die Sache selbst – die Kommunikation, der Austausch von Baum zu Baum – als unumstritten. Neuerdings untersuchen einzelne Forscher auch elektrische Impulse, gemessen mit Elektroden im Pilzsubstrat. Andrew Adamatzky von der Universität Bristol hat beim Messen der elektrischen Spitzenaktivitäten Muster ermittelt, die er als »Wörter« bezeichnet. *»Der Spaltblättling und der Geisterpilz nutzen bis zu 50 Wörter«*, sagt er. Ein interessantes neues Feld für empirische Studien und ein Indiz für die wissenschaftliche Geschäftigkeit, die das neue Bild vom Walde als einer ziemlich dichtgeknüpften Kommunikationsgemeinschaft hervorgerufen hat.

Wie soll ich mir nach all den neuen Erkenntnissen ein neues Bild vom Wald machen? Ich kenne Aufnahmen des Pilzmyzels vor einem dunklen Hintergrund, die an einen sehr komplexen Mehrfach-Blitz am Gewitterhimmel erinnern, von Wald und Bäumen ist da nichts zu sehen. Und Fotos von Arrangements mit Papier-Luftschlangen, die zwischen Baumstämmen so dicht hin und her gespannt sind, dass der Boden von ihnen lückenlos bedeckt ist. Aber auch dies Modell ist nur ein grobes Abbild dessen, was unsichtbar und auf viel verzweigtere Weise im Boden passiert. Es gibt natürlich Zeichnungen in Lehrbüchern, die Details abbilden, etwa das Hyphengeflecht, das sich bei der so genannten Ektomykorrhiza (Außen-Pilz-Wurzel) wie ein Verband um die Wurzelspitze legt.

Am Elbufer komme ich an Galerien von Weidenbäumen vorüber, die am oberen Rand der Böschung ein Teil des Jahres über mit den Wurzeln im Hochwasser stehen. Ich studiere die ausgeklügelte Statik, mit der diese Bäume sich auf dem Land gewissermaßen vertäuen und ihr Wurzelhaar über ziemlich weite Strecken in die Böschungskante hineinzuflechten suchen. Das Pilzmyzel bleibt mir verborgen, obwohl ich doch Hunderte Wurzelspitzen zeigen kann, an denen es andocken könnte. Trotzdem: So ähnlich wie hier müsste es aussehen – ein tumultuöses Gewebe aus Wurzelwerk und einem spinnweb- oder vliesartigen Gespinst von Pilzfäden, das man sich vielleicht als ausgedehnte durchgängige Lage ausgekämmter Watte vorstellen könnte.

Als ich dieses Bild von Detlev Rasenberger in einer Ausstellung sehe, greife ich spontan zu: Die Künstlichkeit der Photoshop-

Wurzelgeflecht einer Weide am Elbufer Foto und Photoshop-Bearbeitung © Detlev Rasenberger

Bearbeitung gefällt mir, das unwirkliche Blau des Himmels, vor allem aber das verkabelte Wurzelwerk wirken als wünschenswerte Verfremdung. Etwas Machtvolles, das sich der Sichtbarkeit entzieht, lebt und webt zwischen den Wurzelfasern der Bäume: keine Transzendenz und keine Metapher, sondern eine konkret erfahrbare Kraft, die sich allerdings meinem Blick, meinem eingewohnten Sehvermögen entzieht. Vergleichbar vielleicht der Schwerkraft, deren Wirkung ich an der Gestalt von Sonne und Mond ablese und beim Gehen in den Beinen zu spüren meine, obwohl ich sie in ihrer unmittelbaren Gestalt nie sehen werde. Allenfalls, wenn ich über eine Art Röntgenblick verfügte, könnte ich die Netzwelt des *wood wide web* im Waldboden als aufscheinende Verbindungswolke erblicken. Vielleicht hängt es mit dieser geisterhaften Tiefendimension zusammen, dass ein quasi metaphysischer Streit über die Deutung des Zusammenwirkens von Pilzen und Bäumen entstanden ist. Die einen möchten darin den Beweis für eine großzügige Hilfsbereitschaft der Naturdinge erblicken, die Unterstützung der Schwächeren im Interesse der großen Waldgemeinschaft, die andern sehen Belege für eine besonders raffinierte Form von Selbstsucht und Konkurrenzverhalten. Die Diskussion ist auch deshalb interessant, weil sie mit verschiedenen Modellen der Forstwirtschaft korrespondiert: einer auf dem Konkurrenz-Begriff beruhenden Perspektive, die im Wald den Austragungsort eines erbarmungslosen Kampfes um den Zugang zu Licht, Wasser, Nährstoffen erblickt (eingeschlossen die Konsequenz entsprechender Ausrottungs- und Unterstützungseingriffe von Menschenseite), und demgegenüber einer Einstellung, die von der Idee der Symbiose selbst geprägt ist und vielleicht am besten durch den Begriff des »*Laisser-Faire*« gekennzeichnet wäre: Den Wald sein lassen, mit behutsamen Korrekturen und einer Holzwirtschaft, die möglichst wenig zu zerstören unternimmt und möglichst viel zu erhalten sucht. Interessant, dass diese Kontroverse jetzt zutage tritt, nachdem das Ausmaß der Mykorrhiza-Symbiose das Bild des Waldes neu prägt: Es ist, als ob wir nun, angesichts des ausgedehnten Organismus aus Pflanzen und Pilze, dazu kommen, unser eigenes Verhältnis zu diesem Wesen namens Wald zu überdenken und neu zu bestimmen.

Zweite Station: Rüterberger Tongrube

Jedes Mal, wenn ich den schmalen, steilen Pfad in die laubbeschattete Dämmerung der Rüterberger Tongrube hinuntersteige, ist es, als ob ich in eine verwunschene Waldwelt eintauche. Die vergleichsweise winzige Fläche des trichterförmigen Geländes von gerade einmal 16 Hektar bietet das Paradox einer gepflegten Wildnis – eines ohne forstwirtschaftliches Eingreifen emporgewachsenen Dickichts aus Bäumen, die sich, wachsend oder abgestorben, aber voller Leben, um einen stillen Waldsee drängen. Und doch erscheint beides, Wald und See, von Menschen gepflegt: Da sind Pfade angelegt, mit Treppenstufen, mit Geländern, da ist eine Brücke, der Einstieg zum Schwimmen im See, und da sind ein halbes Dutzend großer Texttafeln mit Bildern und Erklärungen, dabei als etwas Besonderes der extra hergestellte Lackabzug eines Boden-Aufschlusses – alles in gepflegtem Zustand. Geradezu rührend die kleinen Schilder an kleinen Pflanzen auf den Böden der Steilhänge beim Rundpfad: »Wiesenschachtelhalm *Equisetum pratense*«, »Besen-Gabelzahnmoos *Dicranum scoparium*«, »Hain-Rispengras *Poa nemoralis*«. Oder beim Zugang zum See: »Schilfrohr *Phragmites australis*«, »Flatterbinse *Juncus effusus*«. Als ob es sich um eine Ausstellung handelte, eine Demonstration, zu zeigen, wie sich das Land verwandelt, wenn Menschen es nur über fünf Jahrzehnte hin ganz für sich in Ruhe sein lassen.

Vorher war das Land allerdings aufgewühlt, abgetragen und ausgebeutet worden. Man hatte vor etwa zweihundert Jahren gefunden, dass der Rüterberg nicht nur aus dem sandigen Ge-

In der Rüterberger Tongrube © Helmut Schreier

röll bestand, das die Gletscher der jüngsten Eiszeit hierher verfrachtet hatten, sondern auch aus dunklen Schichten einer feinen Kohle, die mit graubraunen Bergton-Schichten verknetet zutage trat. Verbrennt man die Kohle, bleibt die Hälfte ihrer Masse als Asche, die sich unter dem Mikroskop als winzige Gehäuse von Süßwasser-Algen entpuppt – »Diatomeen« –, die gänzlich aus Kieselsäure bestehen. Diese »Alaunerde« ist ein Rohstoff u.a. zur Herstellung von Farben und Farblack. Aber als noch profitabler erwies sich bald die Ausbeutung des Bergtonvorkommens. Ab 1889 wurde dieser Ton abgebaut und mit Loren und Kleinbahn-Lokomotiven zu einer Ziegelei am Elbufer transportiert, wo er – gemischt mit dem Ton aus der Elbtalaue in einem geheim gehaltenen Verhältnis – zu extrem harten Klinkern gebrannt wurde. Das bekannte »Chilehaus« in Hamburg ist 1922 aus diesen Klinkern errichtet worden. Zum Abbau des Bergtons auf dem Rüterberg mussten Massen von sandigem Geröll und Schichten von Diatomeenkohle abgeräumt und ringsum aufgeschüttet werden: Die Abraumhalden bilden den Rand des Grubentrichters.

1967 ließ die DDR-Regierung die Ziegelei-Gebäude am Elbufer, die sich inzwischen unter dem Namen »Broda« zu einer eigenen Siedlung entwickelt hatten, abreißen. Der Bergton-Abbau wurde stillgelegt. Auf einer der Texttafeln am Grubenrand finde ich den Satz *»Die wüste, fast vegetationslose Kraterlandschaft überließ man sich selbst«*, illustriert mit dem Foto einer Art Mondlandschaft. Das Areal befand sich inmitten des so genannten »Todesstreifens« an der innerdeutschen Grenze – jenes Gebiet, das zu betreten strengstens verboten war und das heutzutage vor allem als ökologischer Glücksfall unter dem Namen »Grünes Band« auf verschiedene Weise touristisch erschlossen wird. Damals war es ein verwünschtes Gelände. Im Fall der unbegehbaren Rüterberger Abraumhalde gewissermaßen doppelt verwünscht. Die DDR verlegte die Grenzsperranlage zur Bundesrepublik an die B 195, sodass der in einer Elbschleife liegende Ort Rüterberg außerhalb des damit definierten DDR-Territoriums in einer besonders rigoros überwachten Sperrzone lag. Wohl kaum ein Mensch betrat das bis gegen Ende des Jahres 1989 sich selbst überlassene Gelände.

Allmählich füllte sich die tiefe Grube inmitten der Abraumhalden im Lauf der Jahre und Jahrzehnte mit Regenwasser und aus Grundwasserquellen, sodass ein idyllisch wirkender See mit eigener Vegetation und Tierwelt entstand. Gleichzeitig fassten Kräuter und Gräser, Moose und Farne auf den Hängen Fuß, während der Wind die Samen von Birken und Robinien, Kiefern und Aspen eintrug und den schönen Mischwald begründete, der das Bild heute prägt und vielen Tierarten idealen Lebensraum bietet. Umgestürzte und abgestorbene Bäume bieten zusätzliche Brut- und Nahrungsmöglichkeiten. In der Grube wird keine Forstwirtschaft betrieben, Totholz bleibt liegen, Pilze zersetzen es und schaffen Lebensraum für Insekten, Würmer und Spinnen, die ihrerseits Vögeln, Mäusen, Fröschen und Eidechsen Nahrung sind. Die Tongrube Rüterberg ist ein biotopisches Kleinod.

Ohne die Menschen des Vereins »Naturschutz Elbetal«, die das Gebiet Anfang der Neunzigerjahre für einen symbolischen Betrag erwarben, um die Schätze der wiedererstandenen Wildnis der Öffentlichkeit als eigenes Projekt hingebungsvoll zu präsentieren, wäre der verwunschen wirkende Ort Besuchern kaum zugänglich. Als der Sturm »Xavier« am 5. Oktober 2017 den südöstlichen Bereich des Tongrubenwaldes mit Windbruch verwüstet hatte, half das Forstamt zwar dabei, abgebrochene und aus dem Boden gedrehte Bäume von den Wegen zu räumen, aber vieles blieb liegen, und die Vereinsmitglieder beschränkten sich darauf, die einsetzende Regeneration – das Aufkeimen krautiger Pflanzen und der Wurzelbrut, zumal der Robinien – in den folgenden Jahren zu dokumentieren. Bei einem unserer Besuche treffen wir Frau Borchers, die den Rundweg mit der Laubharke säubert und uns im Gespräch von den Aktivitäten des Vereins erzählt. Wir sind von der Qualität der Informationstexte auf den

Tafeln beeindruckt. Der Verein hat die Eintragung der Tongrube als »Nationales Geotop« durchgesetzt. Unter einem Schutzdach ist ein 3 x 1,5 Meter großer Lackabzug ausgestellt, der vom Bodenaufschluss der dahinterliegenden Böschung abgenommen ist. Diese Böschung ist keine Abraumhalde, sondern Bestand der alten Moräne. Der Abzug zeigt einen »Tropfenboden« mit den dunklen Spuren des Schluff-Breis, der zur Sommerzeit, wenn die Permafrostböden ein paar Handbreit weit auftauen, in die darunter liegenden Sande bis zur Frostgrenze herabsickerte und dort zu breiten Pfropfen auseinandergelaufen ist. Diese Spuren stammen aus der Elster-Saale-Zwischeneiszeit (vor 425 000 bis 330 000 Jahren).

Der Text verrät nebenbei, wie ein Lackabzug angefertigt wird: Wissenschaft zum Mitmachen. Das Wiesengelände im Zwickel oberhalb der Grube ist ebenfalls in der Obhut des Vereins. Dort wird Ökologie des Trockenrasen-Biotops verfolgt. Wer ein wenig Zeit auf den Bänken vor dem Wildbienenhaus zubringt, kann ein reiches Insektenleben beobachten.

Wenn man die Zahl der Arbeitsstunden zu überschlagen sucht, die derartige Aktivitäten (und der laufende Unterhalt des Projekts) erfordern, und mit bedenkt, dass all diese Arbeit faktisch ohne finanzielle Vergütung eingebracht wird, ahnt man das enorme Engagement dieser Menschen. Vielleicht das Indiz für eine Bereitschaft, die in Deutschland vielerorts vorhanden ist. Es wäre doch ganz unwahrscheinlich, dass der Förderverein »Naturschutz Elbetal« mit seinen vierzig Mitgliedern und seinen Aktivitäten eine vollkommen einzigartige Erscheinung innerhalb der Gesellschaft darstellt. Zumal er mit dem NABU, den Verwaltungen des Biosphärenreservats und kommunalen Behörden zusammenarbeitet.

Ein Wald ohne Forstwirtschaft mag vielen noch kaum vorstellbar sein. Ich stelle mir vor, dass die Idee, sobald sie im öffentlichen Diskurs auftauchte, in einer Flut von Einwänden unterginge. Doch wäre es nicht nötig, jeden dieser Einwände zu widerlegen. Wichtiger wäre es, einleuchtende, plausible Beispiele zu geben: Da kommt die Machbarkeit der Utopie zum Vorschein.

Dritte Station: Göhrde

Der Staatsforst Göhrde erstreckt sich über 75 Quadratkilometer. Jahrelang kannte ich nur die hindurchlaufende Straße B 216: eine schöne Strecke durch hübsche Buchenwälder, mit einem leicht morbiden Touch bei den noblen, aber verlassenen schlossartigen Häusern, die bessere Tage gesehen haben. Irgendwie vielversprechend lockten bei jeder dieser Fahrten die langen Waldpassagen mit der Aussicht auf Hirschbrunft, Pilz-Exkursionen, Expeditionen zu versteckten Solitärbäumen, womöglich gar auf eine Wolfs-Begegnung. Würde ich diesen riesigen Wald mit seinen wilden Tieren und seinen Geistern je als Gestalt begreifen?

Ein Blick in die historische Gestalt dieser Wälder öffnet sich mir ganz unverhofft an einem Novembertag im Jahr 2013. Nach einer frostigen Nacht sind wir im Mittagsnebel unterwegs zur Trauerfeier für den Leiter des Forstamtes, der aus einer vielköpfigen Adelsfamilie stammt, zu der auch meine Frau Elisabeth gehört. Auf einer geschotterten Nebenstraße zwischen den Baumwänden eines Kiefernforstes fahren wir drei, vier Kilometer ins Innere der Göhrde, bis die Reihen der auf beiden Seiten abgestellten Autos – auffallend viele Geländewagen – keine Lücken mehr zeigen und wir im abzweigenden Sandweg einen Parkplatz finden. Die Kiefernkulisse öffnet sich hier zur weiten moos- und grasbedeckten Fläche mit einzeln stehenden hohen Buchen und Heckeninseln: offenbar ein alter Wald, dessen aufgelockerte Formation die Gestalt alter Hutewälder verrät. Und in diese Szenerie hineingebaut die Ausstattung des Stücks, das wir sehen werden. Rechter Hand der hochgebockte Katafalk mit dem blumen- und kranzbedeckten Sarg, davor in zwanzig Schritt Abstand zehn Reihen mit Klappstühlen, die schon von Trauergästen in dunklen Habits besetzt sind. Männer und Frauen in Lodenmänteln und Filzhüten stehen in Gruppen zusammen, am Außenrand vor der Rednertribüne auch zwei Dutzend Jagdhornbläser in zünftiger Jagdkleidung. An drei ziemlich bewuchsfreien Stellen hat man am Zugang und an den Seiten große eiserne Feuerkörbe aufgestellt, aus denen Flammen emporschlagen. Im Luftstrom ihrer tanzenden Zungen sammeln sich dort Gruppen von Wärmesuchenden. Oben, zwischen den bereits kahl gewordenen Zweigen der hohen Buchen, erscheint blassweiß die Sonnenscheibe.

Auf einmal wirkt diese Zusammenkunft im Walde wie ein Traumbild aus der königlich-hannoverschen oder der kaiserlich-preußischen Vergangenheit dieses Bannwaldes. Ist die Kostümierung der Menschen, ihr souveränes und wohlerzogenes

Auftreten nicht das perfekte Match dieser wilden Umgebung, an diesem stilvoll verhangenen Novembertag, zu diesem Anlass würdevoller Trauer? Fellini hätte es nicht überzeugender in Szene setzen können. Die Reden zu Ehren des Toten bekunden Respekt und jene Art Liebe, die im Stolpern während eines glatten Vortrags aufscheint. Der Pfarrer, ein Freund des Verstorbenen, verneigt sich vor dessen Entscheidung zum Freitod mit Worten von beglückender Intelligenz. Die Jagdhörner klingen, als ob sie die verhaltene Traurigkeit all dieser auf *Contenance* bedachten Menschen laut hinausposaunen wollten.

Mir ist an diesem Novembertag, als ob die alte feudale Seele des Jagdreviers Göhrde als Re-Inszenierung zum Vorschein dränge. Da taucht eine lange Geschichte auf, die im 15. Jahrhundert beginnt und mit dem Ende des Kaiserreichs 1918 endet: Zum Staatsforst wurde das Waldgebiet erst 1934 in der Hitlerzeit. Am Anfang stand die Einrichtung des für alle gesperrten Bannwaldes im Jahre 1456, nach der Zerstörung der innerhalb des Geländes liegenden Dörfer Lütz, Krötz und Vieschau und der Vertreibung ihrer Bewohner im Auftrag der regierenden Herzöge von Braunschweig-Lüneburg. An einen vierten zerstörten Ort namens Wiekau erinnert noch die Flurbezeichnung »Viekau-Kuhle« im Jagen 210. Nach dem Dreißigjährigen Krieg begann die größte Zeit der Göhrdejagden. In den Jahren 1706–1709 hatte der hannoversche Kurfürst ein dreistöckiges Schlossgebäude mit hundert Räumen und einigen Nebengebäuden errichten lassen. Der Historiker Jürgen Prüser kommentiert: *»Die Jagden in der Göhrde waren zu dieser Zeit wahre Prunkjagden, bei denen häufig das höfische Zeremoniell wichtiger war als das jagdliche Brauchtum.*

Die Göhrde im Zustand der Aufforstung -»Tannen-Besamung«- von Sand- und Heideflächen. Ausschnitt der Kurhannoverschen Landesaufnahme von 1776

Landesamt für Geoinformation und Landvermessung Niedersachsen, © 2023 LGLN

Die Jagdfeste, an denen Hunderte von Menschen beteiligt waren und bei denen ein unvorstellbarer Aufwand getrieben wurde, waren ein Zeichen des barocken Feudalismus. Auch als der Landesherr als König nach London übersiedelte, wurde – mit wenigen Ausnahmen – Jahr für Jahr gejagt, oftmals im Beisein des Königs, wenn dieser seine Stammlande besuchte.«

Gegen Ende des 18. Jahrhunderts wurden die Zeiten unruhig, die Französische Revolution (1789–1799) änderte die Verhältnisse in Frankreich und führte in Deutschland zu Diskussionen. Der Unterhalt des Jagdschlosses verteuerte sich von Jahr zu Jahr, es fanden keine Jagden mehr statt. Schloss und Nebengebäude verfielen, die Förster wandten sich der Holzwirtschaft zu und ermittelten den Anbau von Nadelhölzern in plantagenartigen Wäldern als profitabelsten Ansatz.

Napoleons Truppen besetzten 1803 das Kurfürstentum Hannover. 1813 – nach dem Russland-Desaster – kam es am 16. September auf der Steinker Höhe beim Ort Lüben zur Göhrdeschlacht, bei der eine Allianz von Deutschen, Russen, Schweden und Engländern die napoleonischen Truppen besiegte. Der Sieg erscheint als Vorspiel der entscheidenden Niederlage Frankreichs bei der Völkerschlacht nur einen Monat später in Leipzig. Doch er war mit insgesamt wenigstens eintausend Gefallenen teuer erkauft. Das Massengrab rechts im Wald hinter dem Göhrdeschlacht-Denkmal ist erst in den Achtzigerjahren nach ausdauernder Suche von Manfred Rast, einem Zollbeamten aus Langendorf, wiederentdeckt worden. Das einst kahle Gelände war inzwischen von Kiefernwald bedeckt. Rast war der Bogen aufgefallen, den ein Feldweg beschrieb, der erst von der geraden Trasse abschwenkte und dann wieder auf sie zurück führte. Die Bauern hatten vor Generationen noch die Lage des Grabes gekannt und das Gebiet mit einem weiträumigen Schwenk umfahren. Als ob sie dem Land die Erinnerung hatten eintragen wollen.

Das Göhrde-Schloss hatte in der Kriegszeit derart gelitten, dass es 1827 abgerissen wurde, nur um 1837 – Karl-August war gerade König in Hannover geworden – wieder aufgebaut zu werden. Die Zeit der Jagden – mit Fang- und Prellnetzen, in denen die Tiere sich ausweglos verrennen müssen – konnte wieder beginnen. Inzwischen hatte aber der demokratische Impuls der französischen Revolution auch in Deutschland reale politische Folgen gehabt und dazu geführt, dass das Jagdrecht 1848 vom Adel an die Grundeigentümer fiel. Bauern durften hinfort jagen. Der König ließ daraufhin 1849 das gesamte Forstgebiet der Göhrde mit einem Wildzaun eingrenzen und an vier Stellen von Torwächtern rund um die Uhr bewachen. Zwei dieser Torwächterhäuser – Nadlitz und Schnadlitz –, direkt an der B 216, sind restauriert und werden heute wieder bewohnt. 1866 annektierte Preußen das Königreich Hannover, 1871 wurde der preußische König zum deutschen Kaiser Wilhelm I. Der beschloss, in der Göhrde alljährlich Hofjagden abzuhalten, was dann auch unter Wilhelm II. bis 1913 weitergeführt wurde. Mit dem Ersten Weltkrieg ging die kaiserliche Jagd zu Ende. In der Nazizeit war die Göhrde Staatsjagdrevier (in den mir zugänglichen Quellen ist über diese Phase nur Belangloses zu finden) und ab 1934 auch Staatsforst.

Das Forstamt Göhrde, so lese ich in der Broschüre aus dem »Naturum«, erzielt 15% der Gesamteinnahmen aus der Jagd (80% aus dem Holzverkauf). Zwei-, dreimal im Winter veranstalten die Förster eine großangelegte Drückjagd, bei der das Wild von langsam vorrückenden Treibern aufgescheucht und von den ansitzenden Jägern geschossen wird. *»Wie zu Kaisers Zeiten«*, heißt es in der Broschüre, *»liegen dann am Abend oft über 100 Stück Wild auf der Strecke.«* An Wildbestand nennt die Broschüre 120 Stück Rotwild, etwa 50 Stück Damwild und »gut 100 Stück Muffelwild«, Rehe und Wildschweine werden hier nicht aufgeführt. Das Muffelwild ist in den letzten Jahren restlos von den inzwischen wieder aufgetauchten Wölfen gerissen worden: Die

Mufflons, 1903 auf Initiative des Hamburgers Tesdorpf als Jagdwild eingesetzt, haben im felslosen Terrain dieses Waldes gegen den Wolf keine Chance. Zwei Wolfsrudel sind in der Göhrde etabliert, berichtet der Wolfsbeauftragte Kenny Kenner, der durch die genetische Kontrolle von Losungen Einblick in die Zusammensetzung der Wolfspopulation hat. Er berichtet, dass Aas von den Wolfsrissen große Vögel anlockt und bereits zur Wiederansiedlung des Seeadlers in der Göhrde geführt habe.

Der letzte Wolf war im Jahr 1851 erlegt worden. Es gibt darüber einen Bericht, der mit der interessanten Bemerkung beginnt, dass die meisten alten Eichen in der Göhrde aus der Zeit des Dreißigjährigen Krieges stammen, weil der Wald damals voller Wölfe gewesen sei, die das Rotwild auf die verwüsteten Felder der Landwirte trieben, sodass der junge Blattaustrieb der Eichen von den Hirschen nicht verbissen wurde. »*Als die Zeiten für die Menschen wieder ruhiger wurden, begann auch der Vernichtungskampf gegen Wölfe.*« Und damit, könnte man ergänzen, auch der Verbiss der jungen Eichbäume.

2012 wird der erste Wolfs-Rückkehrer in der Göhrde gesichtet: in unmittelbarer Nähe der immer noch lebenden »Wolfslinde«, bei der der letzte Wolf erlegt worden war.

Forstwirtschaft in der Göhrde

Vor dreihundert Jahren war die Göhrde noch ein Laubwaldgebiet, in dem Eichen, Birken, Buchen, Hainbuchen und Salweiden das Bild bestimmten. Heute herrschen Nadelbäume vor, die

In der Göhrde: Kiefernforst mit Fingerhutbestand © Helmut Schnieder

als Forst angelegt sind, vor allem Kiefern. Für 1999: 59 % Kiefern, 16 % Eichen, 11 % Fichten, 7 % Buchen, 7 % Lärchen und Douglasien. Dem Programm der niedersächsischen Staatsforsten entsprechend, verfolgt die Forstwirtschaft eine »Langfristige Ökologische Waldentwicklung« (das LÖWE-Programm), die auf die Einrichtung eines Mischwaldes hinausläuft. Kahlschläge sind nicht vorgesehen, für den Einsatz von Harvestern sind alle 25 Meter Rückelinien in die Bestände gehauen worden, um breiteres Demolieren des Waldbodens zu vermeiden. Ich vermute, dass diese Bewirtschaftungsgrundsätze in Kiefernforsten mit ihren gleichmäßig gezogenen Stämmen reibungsloser umzusetzen sind als in Laubwaldflächen mit ihren unregelmäßigen Abständen und ihren unterschiedlich starken Bäumen.

Im September 2022 steigen wir von Dübbekold aus einen schmalen Pfad zwischen den Bäumen den Hügel empor und kommen in ein Gelände, das offenbar bis vor kurzem (ein paar Monate, vielleicht ein Jahr?) ein ziemlich weitläufiger Buchenbestand war. Die meisten Bäume sind abgeholzt und abtransportiert, die wenigsten stehen noch, der Boden ist von den Ketten schwerer Erntemaschinen in der Breite und Tiefe zerwühlt. Das Bild ist beklemmend, aber dann finden wir uns gerührt von den im aufgeworfenen Erdreich prachtvoll gedeihenden Pflanzen des Salomonssiegels (*Polygonum officinale*), einer Grußbotschaft des alten Waldes, und dann entdecken wir sogar – wie zum Trost – zwei schöne Exemplare vom Steinpilz.

Positive Aussichten sucht der Geschäftsbericht 2021 der Niedersächsischen Landesforsten zu vermitteln, zu denen die Göhrde gehört, aber auch die ausgedehnten und ziemlich lädierten Fichtenwälder im Harz. Der Windwurf – etwa 1 Million Festmeter, vor allem Fichte – heißt es, sei beim Holzpreis von 62,57 Euro pro Festmeter gut zu verkaufen. Im Abschnitt, der den Risiken gewidmet ist, steht am Ende die ratlose Einschätzung: *»Langfristige Szenarien des Klimawandels gehen mittlerweile von Erwärmungen um ca. 4 Grad Celsius im Durchschnitt des Jahres und einer erheblich veränderten Niederschlagsmenge und -verteilung aus. Beide Faktoren verändern die heimischen Standortbedingungen grundlegend. Mit ihren waldbaulichen Konzepten, die auf Mischung und Vielfalt setzen, müssen sich die NLF langfristig Risiken bestmöglich entgegenstellen.«*

In einer »Gemeinwohlbilanz« unternimmt es der Geschäftsbericht, den Nutzen des Waldes für die Niedersächsischen Landesfürsten insgesamt zu erfassen:

Holzwert pro Jahr 1,7 Mio. geerntete Festmeter à 60 Euro: 102 Millionen Euro; Kohlendioxid-Senke: Landeswälder binden jährlich 2,5 Millionen Tonnen Kohlendioxid; gemäß dem geltenden Klimapaket der Bundesregierung (derzeit 25 Euro je Tonne, demnächst 60 Euro je Tonne) 75 Millionen Euro; Biodiversität: Dem LÖWE-Plan zufolge werden alte Bäume erhalten, Totholz bleibt stehen; die heute ausgewiesenen Schutzgebiete entwickeln sich zu »Urwäldern von morgen«; besondere Biotope, die bestimmte Tier- und Pflanzenarten brauchen, werden geschaffen. Die Populationen von Seeadler, Schwarzstorch, Uhu und Mittelspecht haben in den Wäldern z.T. stark zugenommen (Seeadler von 0 im Jahre 1970 auf 74 im Jahre 2019). Das Resümee: *»Der Wert der Biodiversität ist schlicht unermesslich.«* Die Aussage klingt befremdlich in einer Bilanz. Als ob die Rechenschaftslegung das Wünschen und Pläneschmieden einbezieht. Sicher ist es ein Plus, dass der Seeadler nach fünfzig Jahren wieder da ist. Aber gleichzeitig ist in Europa ein Drittel der Zahl typischer Vögel verschwunden, die Biomasse der Insekten um ein Drittel zurückgegangen. Schlage ich das Wort »Artenschwund« nach, finde ich Statistiken, die ein großes Artensterben belegen. Suche ich unter »Biodiversität«, finde ich vielversprechende Pläne. Beide Tendenzen sind in der Welt, aber mit unterschiedlichem Gewicht.

Ökodienstleistung von Wäldern und Mooren für die Wasserwirtschaft: Der Wert wird berechnet als Fläche, in der auf Pflege- und Erntemaßnahmen verzichtet wird – pro Hektar 50 Euro. Multipliziert mit der Fläche der Wasserschutzgebiete in niedersächsischen Wäldern: 7500000 Euro.

4 Millionen Euro investieren die Landesforsten jährlich in die Unterhaltung von Wegen und Pfaden (»Walderlebnispfad«), den Bau von Rasthütten oder, gemeinsam mit »touristischen Partnern«, in Attraktionen wie Baumwipfelpfade oder Baumschwebebahnen. So wird die so genannte Erholungsfunktion des Waldes bedient, neben der Nutzfunktion und der Schutzfunktion der dritte Richtwert der Waldpolitik. Einige Beobachtungen sprechen für die Annahme, dass die Erholungsfunktion des Waldes in den kommenden Jahren zunehmend wirtschaftlich ins Gewicht fallen wird, selbst wenn die von den Landesförstern angestellte Berechnung ein wenig profitorientiert anmutet: *»Schätzungsweise 250 Millionen Menschen besuchen die Landeswälder pro Jahr – ohne dafür zu zahlen. Doch: Gäbe jeder von ihnen nur einen symbolischen Euro, erwirtschaftete der Landeswald allein durch seine Erholungsfunktion 250 Millionen Euro.«*

Im Sinne dieser Politik wird etwa das »Waldbaden« durch Ausbildung von *»Wald-Gesundheitstrainer*innen«* gefördert. Waldbaden – die Übersetzung des Wortes »Shinrin-Yoku« – kommt aus Japan, und dort hat man die deutsche Neigung zu Waldspaziergängen nachzuahmen und auch wissenschaftlich zu fundieren versucht. Norisama Takayama berichtet von Ergebnissen, die auf einen Gleichklang von Schutz- und Erholungsfunktion des Waldes hindeuten: *»Die besondere Raumstruktur der alten Wälder rief bei den Versuchspersonen stärkere Eindrücke von Wohlbefinden, Schönheit, Sanftheit und Kühle hervor als die des jungen Forsts. Dies ist es, was bei Waldgängern zum Abbau emotionaler Spannungen, Verklemmungen, Gefühlen des Unterdrücktseins, der Traurigkeit und der Ermüdung beitragen und zur Zunahme ihrer Vitalität führt.«*

Wahrscheinlich ist das »Waldbaden« weniger neu, als es beim Lesen der Lehrgangs-Broschüren erscheint. Viele werden diese Disziplin seit langem ähnlich wie ich ausüben – ganz ohne Diplom, aber ausgerüstet mit dem Wissen ihrer Großväter. Ich habe damals erlernt, den Wald für sich selbst wahrzunehmen, nicht als Kulisse, sondern als den eigentlichen Hauptdarsteller.

An letzter Stelle der »Gemeinwohlbilanz« steht die Waldpädagogik, vielleicht das wichtigste Projekt. Der Statistik zufolge besuchen jedes Jahr 110 000 junge Menschen die elf Waldpädagogik-Zentren Niedersachsens, und 3500 bleiben mindestens eine Woche lang für einen Jugendwaldeinsatz. Inmitten der Natur geschieht hier Bildung im Interesse des Fortbestands der Natur. Man kann diesem Unternehmen nur wünschen, dass es blühen, wachsen und gedeihen möge. Zumal das entsprechende Schulfach namens »Bildung für nachhaltige Entwicklung« auf der Stundentafel der Schulen gar nicht vorkommt – es soll als »Unterrichtsprinzip« Fächer wie Biologie und Geografie informieren, was sich ebenso der öffentlichen Kontrolle entzieht wie der Missbrauch des Wortes »Nachhaltigkeit« für Werbezwecke. Umso wichtiger ist das waldpädagogische Angebot der Landesforstämter. Die Investitionen zu diesem Posten sind nicht beziffert, sondern nur pauschal als »Jahr für Jahr millionenschwerer Aufwand« bezeichnet. Ihr Wert als »Invest in Zukunft und Gemeinwohl«? *»Enorm!«*

In der Summe ein interessantes Konglomerat aus Umsätzen in Begriffen von Geldeswert und Einschätzungen längerfristiger Effekte in Phantasiebegriffen (»unermesslich« und »enorm«). Die Mischung enthält einen kräftigen Schuss des Prinzips Hoffnung. Wahrscheinlich ist dies dem Stand der Dinge angemessen. Wir erblicken in der Göhrde ein Waldgebiet im Wandel, unterwegs zum Abbau von Plantagenstrukturen und mehr Vielfalt und Stärke gemäß dem Vorbild alter Wälder.

Ein alter Wald der Göhrde: Breeser Grund

Inmitten der vorherrschenden dunklen Kiefernforsten der Göhrde mit ihrem schnurgerade verlaufenden Netz aus einander schneidenden Wegen finden sich die Reste alter Wälder wie Edelsteine aus einem verlorenen Schatz. An einem Novembertag – die Sonne scheint mit ihrem besonderen Novemberschein so weich und wie ein voll tönender Moll-Akkord klingt – machen wir uns auf die Suche nach dem vielleicht bekanntesten dieser Schätze, dem Breeser Grund. Wir folgen der exakten Geometrie des Weges, die an das Gitternetz der Straßenzüge Manhattans auf Stadtplänen erinnert, aber anstelle von Wolkenkratzern durch einen finsteren Forst aus Kiefernplantagen führt. Es ist feucht und klamm, der Schatten verdrängt den milden Sonnenschein und verhängt auch die vereinzelten Eichen, Buchen, Lärchen am Wegesrand, bis sich nach einer halben Stunde linker Hand die Mauer des Waldes lichtet und uns einlässt in ein Gebiet mit weit offenem Himmel. Wir finden uns im breiten, leicht ansteigenden Tal des Breeser Grundes von Licht überschüttet. Dieser Rest eines alten Hutewaldes mit immerhin 42 Hektar Fläche erinnert mit den überall aufgehäuften

Weg durch den Breeser Grund © Helmut Schnieder

knochenartigen Totästen und -stämmen einst mächtig starker Eichen an eine Skulpturenlandschaft: Man geht von Statue zu Statue und bewundert die interessanten Arrangements; einige tipiartige Aufbauten und sternförmige Großzeichen sind offenbar das Werk von Besuchern mit künstlerischen Neigungen. Vertikal zum Totholz wirken die solitär oder in Gruppen stehenden Eichbäume wie gestikulierende Skulpturen, Wesen aus beiden Welten, Kunst und Natur zugleich.

Die Eichen hier sind Traubeneichen (*Quercus petraea,* mit Eicheln häufchenweise, fast ohne Stiele), nicht die sonst in eher sumpfigen Böden häufigen Stieleichen (*Quercus robur*) mit ihren eher wie verknotet und weniger wie bei der Traubeneiche gestreckt erscheinenden Ästen. Dass hier auffällig viele umgestürzte Eichenstämme mitsamt den Ästen liegen bleiben, wäre früheren Generationen als Verschwendung von Bau- und Brennholz erschienen. Wir Heutigen genießen das Privileg, die interessanten Skulpturen der dicken Stämme und der aufgetürmten Bruchstücke ihrer Äste als Naturkunstwerke zu besichtigen, und wir erfreuen uns an der ökologisch begründeten Absicht, den auf Totholz angewiesenen Käferlarven damit einen Lebensraum zu lassen. Es gibt hier fast 400 Käferarten, so verkündet es eine Informationstafel. Käfer sind auf alte Wälder angewiesen, wo man bestimmten Käfer findet, findet man auch einen Wald, der den Namen »alter Wald« verdient und 300 oder 400 Jahre alt ist.

Ob sich die Eichen im Breeser Grund halten können, ohne forstwirtschaftliche Neuanpflanzung, auf die man ja hier verzichtet? Entlang des Sandweges, der das Tal hinaufführt, ist der Boden mit Heidelbeersträuchern bedeckt. In einem Text von Hans-Jürgen Kelm finde ich dazu den faszinierenden Kommentar: *»Eine Boden deckende Heidelbeervegetation ist eine gute Voraussetzung für eine natürliche Verjüngung der Eiche. Im Schutze der Heidelbeere kann sie keimen und einige Jahre vom Wild unbeachtet heranwachsen. Wenn Lichteinfall und der Wildverbiss es zulassen, können beeindruckende Naturverjüngungen unter alten Eichen heranwachsen.«*

So kommt es, dass hier mitten in der forstwirtschaftlich geprägten Göhrde ein gut Stück Wald in etwa so geblieben ist, wie es vor der Aufforstung war, mit einzeln stehenden mächtigen Eichen und ziemlich offenen Heidelbeer-Böden, in vergangenen Jahrhunderten von Bauern als Viehweide genutzt und zur allherbstlichen Eichelmast ihrer Schweine. (»Die besten Schinken

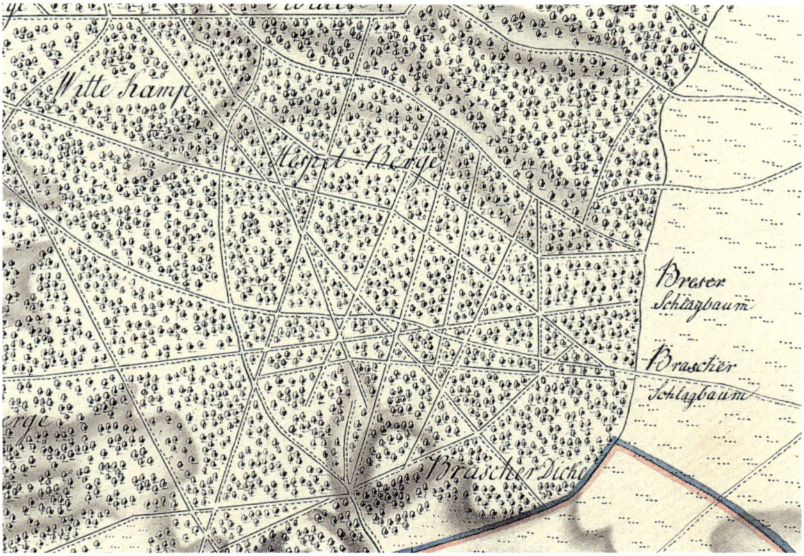

Grenzbereich zwischen Bauernland und Adelsforst der Göhrde am Breeser Grund. Ausschnitt der Kurhannoverschen Landesaufnahme von 1776

Landesamt für Geoinformation und Landvermessung Niedersachsen, © 2023 LGLN

wachsen auf Eichbäumen«, hieß es.) Der Blätterfall wurde damals mitsamt der dünnen Humusschicht von der Oberfläche des Waldbodens abgekratzt und als Laubstreu den Winter über in die Ställe gebracht. Die Mischung aus Laubstreu und Tierkot kam dann als Dünger aufs Feld. In der Zeit vor den Phosphat- und Nitratdüngern, vor Pestiziden, Herbiziden, Fungiziden und großen Maschinen mit Dieselmotoren war der Landbau harte körperliche Plackerei bei meist recht magerem Ertrag.

Fraglich, ob die kräftigen Heidebüsche (*Calluna vulgaris*) auf den Hängen zu beiden Seiten des Weges früher schon da waren. Heide erscheint auf diesen Sandböden zwar überall, wo weder

Weiden noch Wälder sind, anscheinend von sich aus, hält sich aber nur so lange, bis die auflaufenden Birken, Kiefern, Eichen und Buchen und Beerensträucher sie überwuchern oder bis die Humusschicht durch Abplaggen so weit ausgedünnt ist, dass nur noch der weiße Sand bleibt, den wir hier auf den Wegen unter unseren Füßen haben. Auch im Breeser Grund muss die Decke der aufstrebenden Vegetation immer wieder gekürzt werden, die in Gestalt von Birkenbäumchen und Kiefernschößlingen ins Licht empordrängt, sonst wäre das offene Heidegelände schon im Lauf einer einzigen Generation unter Büschen verschwunden. Wie zur Illustration dieser Überlegung taucht eine Herde aus Heidschnucken und Ziegen auf. Mit Glöckchengebimmel zieht sie uns entgegen, begleitet von Schäferin und Schäfer mit Hund.

Die Forstverwaltung erklärt auf einem Schild am Eingang ins Tal, weshalb dies Stück Land dem forstwirtschaftlichen Zugriff entkommen ist: *»Die Forstverwaltung hat die Besonderheit des Breeser Grundes schon frühzeitig erkannt und diesen Landschaftsteil als einzigartigen Lebensraum und geschichtliches Kulturgut erhalten. Seit 1985 steht das Gebiet mit seinen angrenzenden Waldflächen unter Naturschutz.«*

Welche Kämpfe es wen auch immer vermutlich gekostet hat, das Gelände mit seinen vielen Traubeneichen vor dem Abholzen zu bewahren – man empfindet eine unadressierte, aber tiefe Dankbarkeit beim Umhergehen auf diesem wunderbaren Grund im Licht dieses wunderbaren Novembertags.

Als ich Freund Axel Kahrs, dem Literaturwissenschaftler, von unserem Ausflug erzähle, greift er aus den langen Reihen seiner

Bibliothek ein Buch mit Schüttelreimen heraus und trägt vor: *»Zwar zirpt mal eine Grille stündlich / Sonst aber bleibt die Stille gründlich. / Kurzum, hier ist es eben ländlich. / In Frieden kann man leben. / Endlich!«*

Das Buch hat den Titel »Ferien in der Köhlerei« und ist voll von Schüttelreimen, die meisten zum Lobe des Landlebens. Der Clou: Es handelt sich dabei um Erinnerungen an glückliche Tage im Breeser Grund. *»In die alte Köhlerei bei Riebrau verschlug es nach dem Krieg eine pommersche Flüchtlingsfamilie, die im Sommer regelmäßig die Tochter samt Familie zu Besuch hatte in der Idylle ohne Strom und fließend Wasser.«* Beim Lesen der Schüttelreime bricht manchmal der nostalgische Schimmer der Erinnerung an Versunkenes zwischen den witzigen Wort-Batterien hindurch. Axel Kahrs zeigt einen Vers, den er vom Nachfahren Hans von Mosch selbst erhielt: *»Nicht zum Süden übern Brenner, / Nein! nach Norden ziehts den Kenner! / Wer florenzt, romt und venedigt, / ist nach kurzem schon erledigt. / Doch wer in die Göhrde fährt, / dem wird höchstes Glück beschert.«*

Exkursion nach British Columbia: Besuch bei Suzanne Simard

Die Neubestimmung unseres Verhältnisses zum Wald berührt eine ganze Reihe von Wissenschaften, reicht weit in die Welt hinaus und muss am Ende vor Ort in den Wäldern bestehen, in denen wir zu Hause sind. Da empfiehlt es sich, gewissermaßen einen Schritt zurückzutreten von dem, was wir hier in unseren Breiten vor Augen haben, sich der Ferne zuzuwenden und sich dort auf das Andere einzulassen, um so das Eigene klarer zu erkennen. Vielleicht wird sich das Fremde im Anderen als eine Variante des vertrauten Eigenen herausstellen, gemäß der schönen englischen Redewendung *»treading familiar territory in a foreign land«* (»in fremdem Land vertrautes Gelände betreten«).

Bei dieser Exkursion begleitet uns die Wissenschaftlerin persönlich, die das Zusammenwirken der Pilze und Bäume aufgedeckt hat. Sie führt uns in ein Gebiet im Nordwesten Amerikas, das mit, wie man sagt, unermesslichen Wäldern voller gigantischer Bäume, Zedern und Kiefern und Tannen bedeckt war. Das meiste davon ist durch Kahlschläge abgeräumt – Luftaufnahmen zeigen eine Landschaft, die stellenweise wie die Oberfläche des Mondes aussieht – und zum Teil mit Plantagen von Douglas-Fichten wieder »aufgeforstet« ist. Seit ihrer Kindheit in den alten Wäldern von British Columbia, sagt Suzanne Simard, seien im Lauf von 60 kurzen Jahren nur drei Prozent von diesen alten Wäldern übrig geblieben. Die profitorientierte Entwaldungs- und Plantagenwirtschaft geht Hand in Hand mit einer konkurrenzbetonten Sicht des Waldes: Bäume liegen demzufolge im dauernden Wettstreit um die Nährstoffe aus dem Boden, um Wasser und um Sonnenlicht. Wer den am raschesten Profit versprechenden Baum, die Douglasie, im großen Stil ernten will, muss folgerichtig das Unterholz (Beeren und Farne) und auflaufende Laubbäume wie Birken und Erlen beseitigen, am besten mit einem kräftig dosierten Herbizid, und die Bäume im Abstand voneinander setzen. Das Motto dieser Art Forstwirtschaft könnte dementsprechend lauten: Befreit die Setzlinge von ihren Konkurrenten!

Zu der Zeit in den späten Siebzigerjahren, als die junge Suzanne im Forstwesen zu arbeiten anfängt, läuft eine Kampagne zur Ausmerzung von Birken. Man besprüht das vermeintliche Unkraut mit hochdosiertem Glyphosatnebel, um es loszuwerden, weil es den Douglasien-Schößlingen das Licht wegnimmt. Simard beobachtet, wie sich in der Folgezeit *Armillaria mellea* (der Honiggelbe Hallimasch) mit seiner tödlichen Wurzelfäule unter den Douglasien ausbreitet »wie ein Lauffeuer«. Sie fragt sich: Ob die Fichten früher von den Birken irgendwie vor dem Pilzbefall geschützt worden waren? Das Mykorrhiza-Konzept ist ihr bekannt, und sie hat von David Reads Laboruntersuchungen gelesen. Dieser englische Pilz-Experte hatte in den frühen Achtzigerjahren gezeigt, dass Bäume durch das Fadengeflecht ihrer Mykorrhiza-Pilze-Kohlenstoffe miteinander austauschen können.

In den Neunzigerjahren hat Simard den Forstdienst verlassen und ist nach einer Reihe von Experimentier-Erfahrungen schrittweise zur Fragestellung ihrer Doktorarbeit an der Oregon-State-Universität in Corvallis gelangt. Jetzt ist sie so weit, das entscheidende wissenschaftliche Projekt anzugehen. Sie entwirft ein Experiment, bei dem Birkenbäumchen im Freiland unter luftdicht abgeschlossenen Zelten mit dem radioaktiven, gasförmigen Isotop C 14 begast werden und Douglasienbäumchen mit dem stabilen (nichtradioaktiven, ebenfalls gasförmigen) Isotop C 13, sodass der Austausch von Kohlenstoffen zwischen beiden Pflanzen messbar nachzuweisen ist. (Zur Kontrolle hat sie jeweils Zedernbäumchen eingesetzt, deren Mykorrhiza mit Birke und Fichte nicht assoziiert.) Die Passage ihres Buches »Die Weisheit der Wälder«, in der sie schildert, wie sie gemeinsam mit ihrem Assistenten Dan das Ergebnis des Experiments aufdeckt, hier als Leseprobe: *Ich hielt den Geigerzähler an die Blätter der mit Kohlenstoff-14 markierten Birke. Ich hielt den Atem an – waren sie radioaktiv? Wenn nicht, dann war unsere ganze Versuchsarbeit für die Katz gewesen. Wenn die Spender das radioaktive Kohlendioxid nicht aufgenommen hatten, dann würden wir auch nicht erfahren, ob sie anschließend organische Verbindungen an die Douglasien der Nachbarschaft weitergeben konnten. Dan tauchte neben mir auf, mit beklommener Miene.*

Ich legte den Schalter um. Ein Knattern kam aus dem Zählrohr. Dans Miene hellte sich auf. Der Zeiger ging ganz nach rechts auf der Skala, das Gerät maß eine hohe Strahlung.

»Oh, gut. Habe ich's doch richtig gemacht«, sagte Dan erleichtert.

»Meinst du, wir finden was in der Douglasie nebenan?«, fragte ich.

»Ich würde es bezweifeln. Ist ja erst ein paar Stunden her, seit wir mit dem Markieren angefangen haben«, sagte er. Er wusste, dass man vorschnellen Ergebnissen nicht trauen konnte. Nach dem, was von Reads Studie zu erwarten war, würde es wahrscheinlich mehrere Tage dauern, bis die Radioaktivität unterirdisch von der Birke an die Douglasie weitergegeben war. Selbst wenn sie in einem Nachbarn zu finden war, würde sie wahrscheinlich zu schwach für den Geigerzähler sein, und wir würden Ergebnisse erst bei der Laboruntersuchung von Proben bekommen.

Aber es konnte doch nicht schaden, wenn ich schon jetzt den Geigerzähler hinhielt? Wir konnten versuchen, schon einmal ein Vorabergebnis zu bekommen, vielleicht schon einen ersten Hinweis darauf, dass in den Douglasiennadeln die Antwort lag. Ich ermahnte mich zur Ruhe. Bestimmt hatte Dan recht; er wusste über das Markieren von Pflanzen mehr als praktisch jeder andere.

Aber egal. Probieren kostete nicht. Instinktiv ging ich zur benachbarten Douglasie und kniete mich hin. Dan folgte mir unwillkürlich und schaute mir über die Schulter. Wir rochen beide das durchdringende Aroma von Douglasienharz, und einen Augenblick lang hatte ich all die Jahre schwieriger Arbeit, die vielen Rückschläge vergessen. Ich wischte sogar das Vorderende der Röhre ab, um sicherzugehen, dass nichts das Signal störte. Der Augenblick der Wahrheit war gekommen. Die Dirigentin streckte beide Hände dem Orchester entgegen, die Musiker setzten die Instrumente an. Das Ohr in Richtung Stamm geneigt, fuhr ich mit dem Geigerzähler über die Nadeln.

Ich hob leicht das Handgelenk, der Auftakt, und der Taktstock meines Geigerzählers knatterte leicht, als der Zeiger auf der Skala ein kleines bisschen ausschlug. Streicher und Holzbläser, die Blechbläser und Percussionisten legten alle auf einen Schlag los, ein überwältigender Ton, ein Allegro, wohlklingend, intensiv, magisch. Ich war verzaubert, ich war hellwach, ich tauchte ganz ein, und der sanfte Wind, der durch die Kronen meiner kleinen Birken und Zedern und Douglasien fuhr, schien mich geradewegs emporzuheben. Ich war Teil geworden von etwas, das weit größer war als ich selbst. Ich sah mich zu Dan um, sah sein ungläubiges Staunen.

»Dan!«, rief ich. »Hast du das gehört?«

Er starrte den Geigerzähler an. Aus tiefstem Herzen hatte er uns gewünscht, dass dieses Markieren funktionierte, aber dass wir die Signale der Douglasie tatsächlich hörten, übertraf alle seine Erwartungen.

Wir hörte zu, wie eine Birke mit einer Douglasie sprach.

C'est très beau! (S. 253–255)

Im August 1997 veröffentlicht das maßgebliche Wissenschaftsmagazin »Nature« Suzanne Simards Forschungsergebnisse als

Titelgeschichte und führt dabei die Bezeichnung *wood wide web* ein, die rasch zum Schlagwort wird. Sir David Read erinnert die Leserschaft in seiner Stellungnahme an die Bedeutung dieser Funde für eine informierte Politik zum Klimawandel (Wälder als Superorganismen binden atmosphärisches Kohlendioxid). Die »Nature«-Publikation wird ein einschneidendes Datum für die Wald-Wissenschaft. Angesichts der Flut von myzel- und mykhorriza-bezogenen Forschungsarbeiten, die seither weltweit unternommen worden sind, ist es nicht übertrieben, hier einen Paradigmenwechsel wahrzunehmen. Simard, inzwischen Professorin für Ökologie an der Universität von Vancouver, ist eine bekannte Wissenschaftlerin geworden. Dass sie ihr Forschungsfeld weiter ausgedehnt hat und eine immer intensivere Zusammenarbeit mit den indigenen Einwohnern der amerikanischen Pazifikküste pflegt, passt zu ihrem Schlüsselbegriff »Mutterbaum«: Während dies Wort innerhalb des botanischen Diskurses als »Vermenschlichung« für unwissenschaftlich gilt, kennzeichnet es ja gerade die alte, vor der Achsenzeit vorherrschende Sicht, die im indigenen Weltbild bewahrt wird. Allerdings wird Suzanne Simard auch von solchen Diskursteilnehmenden, die ihre Sprache tadeln, zugestanden, dass sie es war, welche die wissenschaftliche Pionierleistung des Nachweises der Symbiose-Transaktionen vollbracht hat.

In einer Passage ihres Buchs » Die Weisheit der Wälder. Auf der Suche nach dem Mutterbaum« greift sie eine Beobachtung dieses Austausches auf und spinnt sie fort zu einem Vergleich, der wieder geeignet ist, ihr den Anthropomorphismus-Vorwurf einzubringen, aber trotzdem oder gerade deshalb faszinierend

Wald-Signatur

Kohlezeichnung © Rüdiger Tillmann

erscheint: Eine von Insektenfraß geschädigte Douglasie schickt chemische Warnsignale aus, und daraufhin erzeugt die in der Nähe wachsende Ponderosa-Kiefer insektenvertreibende Enzyme. Über Dutzende von Untersuchungen derartiger Signale und zur Chemie der dabei gesendeten Botenstoffe gelangt Simard zum Vergleich des Kommunikationssystems Wald mit dem menschlichen Hirn. Sie nimmt die Wechselseitigkeit im Dienste des Erhalts des Ganzen des Waldes als Intelligenz wahr, die der Funktion unseres Hirnes gleicht. Wenn sie von der Weisheit der Bäume spricht, so meint sie das nicht metaphorisch: ein Leben so zu führen, dass es der Gemeinschaft der Lebenden hilft weiterzuleben – darin liegt die Weisheit von Bäumen und Menschen.

Trotz des wissenschaftlichen Erkenntnisgewinns und trotz (oder vielleicht wegen) ihrer Popularität treffen Simards Vorschläge für eine veränderte Forstwirtschaft bei den Experten der Forstindustrie auf wenig Wohlwollen. Man steckt in den eingefahrenen Spuren fest. Was Suzanne Simard über die Rezeption ihrer Untersuchungen bei ihren ehemaligen Förster-Kollegen berichtet, deutet sogar auf eine lauernde Feindseligkeit hin. Hinter ihrem Rücken wird sie »Miss Birch« genannt, und bei einer Versammlung stellt ihr einer die Frage, ob sie Birken mag. *»Ja«*, sagt sie, *»ich denke, ich mag diese Bäume«*: unterdrücktes Gelächter. Bei der Exkursion zu ihren Feldversuchen nimmt sie ein anderer beiseite, um ihr zu drohen: Sie wisse gar nichts und habe keinem was zu sagen. Noch im Interview im »New Scientist« vom Mai 2022 erzählt sie: *»Meine Kollegen aus dem Forstbetrieb fragen mich immer noch: Du glaubst dies Zeug doch selbst nicht, oder? Dies Koopera-*

tionszeug?« Und sie erklärt: *»Sie hängen immer noch an den Baumindividuen, die sich gegen alle anderen durchgesetzt haben und den größten Profit bringen.«* Das überlieferte Vorurteil erweist sich in dieser forstwirtschaftlichen Praxis als besonders nachhaltig.

Darwins Konzept einer »natürlichen Auslese« lässt Raum für vielerlei unterschiedliche Interaktionen von Lebewesen und steht keineswegs im Widerspruch zu Simards Befunden, die Wechselseitigkeit und das Teilen von Ressourcen ans Licht bringen und betonen. Darwin selbst hielt das Zusammenwirken von Lebensgemeinschaften für wichtig. Eine auf individuelle Dominanz gründende Weltsicht wird eine Prämie auf Konkurrenzverhalten setzen und Beobachtungen abzustreiten versuchen, die Kooperation ins Spiel bringen. Simard bestreitet nicht, dass Konkurrenz besteht. Die Birke nimmt der Fichte tatsächlich Licht und vermindert die Chancen der Konkurrentin, Photosynthese zu betreiben. Aber gleichzeitig überlässt die Birke der Fichte ein Teil der von ihr im Überfluss produzierten Glukose. Auf diese Weise gleicht das Ökosystem die Vorzüge und Nachteile annähernd aus: Birke und Fichte leben in Koexistenz, das kooperative Verhalten macht die bestehende Konkurrenz wett. Es ist, als ob die Bäume bei dieser artübergreifenden Unterstützung gewissermaßen über den Tellerrand des Erhalts der eigenen Spezies hinausschauen, um auch ihren Nachbarn das Überleben möglich zu machen. Dies Verhalten stärkt ja den Fortbestand des Waldganzen und nützt insofern eben auch der eigenen Art. Das heißt, die speziesübergreifende Kooperation der Bäume und Pilze steht dem Überleben der fittesten Arten (Darwins Kernidee) keineswegs logisch entgegen.

Mit dem Zusammenwirken von beiden Einflüssen – denen der zerstörenden und denen der aufbauenden Agenten – rückt das Bild eines in sich ausgeglichenen übergreifenden Organismus in den Blick. Die Biologie beginnt, anstelle von Individuen eher Interaktionsmuster und Zusammenhänge zu untersuchen. Sheldrake zeigt in seinem Buch »Verwobenes Leben« beispielsweise, wie bei dieser Verschiebung des Forschungs-Fokus Begriffe wie »Parasit« und »Symbiose« ihren Sinn verlieren, weil die Erscheinungsformen so changieren, dass Abgrenzungen sich nicht länger aufrecht erhalten lassen. Sheldrake stellt auch den Sinn des Begriffs »Individuum« in der Biologie geradezu infrage; in der Tat sei es schwierig und durch die vielen symbiontischen und parasitären Beziehungen, die ans Licht kommen, noch schwieriger geworden, die Vorstellung von einem ganz für sich und ganz in sich lebenden Einzel-Wesen in der Wirklichkeit des biologisch beobachtbaren Geschehens aufzufinden. Wir Menschen sind unter dieser Perspektive Träger vielfältiger mikrobischer Lebensgemeinschaften, was John Donnes wunderbarem Spruch *»No man is an island«* (Keiner ist eine Insel) einen ganz neuen Sinn verleiht. Wir sind dicht besiedelte Inseln inmitten eines weit gespannten und eng geknüpften Archipels anderer dicht besiedelter Inseln.

Wälder bedecken große Flächen des Planeten mit einem grünen Baldachin. Ökologen haben den Vorschlag gemacht, dies grüne Dach der Welt als einen »achten Kontinent« zu betrachten; das Ökosystem im Boden unter dem Dach aus Laub und grünen Nadeln könnte dann der neunte sein: ein artübergreifender symbiotischer Zusammenhang, in dem große alte Bäume eine herausragende Rolle spielen. Sie verteilen lebenserhaltende Nahrung und Flüssigkeit. Ihre Hilfe bedeutet für manches junge Bäumchen den Unterschied zwischen frühem Tod und einem langen Leben. Simard nennt diese den Wald tragenden Gestalten »Mutterbäume«.

Dass sie auch sich selbst in einer vergleichbaren Rolle wahrnimmt – sie ist das Zentrum eines Netzes von Menschen, das mit ihrem Einfluss weiterwächst – liegt nahe, entspricht jedenfalls der Webart ihres Textes. Ihr Umkreis und Einflussbereich erweitert sich etwa durch die Zusammenarbeit mit den Ureinwohnern der amerikanisch-kanadischen Pazifik-Küste. Schon am Anfang ihres Buches berichtet sie vom indigenen Wissen über ein unterirdisches Kraft-Reservoir der Wälder, und gegen Ende des Buchs untersucht sie in Kollaboration mit Forscherinnen aus den *»First Nations«* eine interessante Randerscheinung der herbstlichen Lachswanderungen: Über Jahrhunderte hin hatten die Heiltsuk und Sinixt Schleusenfallen aus Steinen in der Gezeitenzone der Flüsse errichtet, in denen die Lachse, die den Fluss zum Ablaichen emporziehen, bei ablaufendem Wasser gefangen waren. Die Ureinwohner setzten die weiblichen Lachse mit ihren Rogen gefüllten Bäuchen oberhalb der Schleusen wieder ins Wasser und entnahmen den Rest. Auf diese Weise blieb die Population von pazifischen Lachsen erhalten. Als die Regierung die Nation der Sinixt als ausgestorben erklärte und den Fischfang für jedermann freigegeben hatte, waren die Lachse nach zwei Jahren nahezu verschwunden.

Die Fische werden nicht nur von Menschen, sondern auch von Bären und anderen Tieren in Massen gefangen und gefressen, und Reste werden von Wölfen und Adlern weiter ins Innere der Wälder verschleppt. Da der Stickstoff im organischen Gewebe der Fische auch nach Aufnahme durch die Bäume in den Jahresringen der Sitka-Tannen und Zedern identifiziert werden kann, lässt sich der Eintrag – gewissermaßen die Lachsdüngung des Waldes – vergangener Zeiten ermitteln. Der Organismus des Waldes speichert die Spuren der weisen althergebrachten Lachswirtschaft. Daten der Untersuchungen von Simards Team zeigen, dass der Gesundheitszustand der Mykorrhiza-Pilzgemeinschaften mit der Zahl an Lachsen steigt und fällt, die in ihre Geburtsströme zurückkehren. Inzwischen sind die traditionellen Gezeitenfallen aus Steinschleusen zum Teil wieder aufgebaut, und Simards Team untersucht den Einfluss auf die Gesundheit des Waldes.

»Ich komme aus einer Familie von Holzfällern«, schreibt sie im Sinn einer Bilanz in ihrem Buch »Die Weisheit der Wälder«, *»und ich habe nicht vergessen, dass wir Bäume brauchen, um zu leben. Aber mein Ausflug zu den Lachsen führte mir vor Augen, dass uns, wenn wir etwas nehmen, eine Verpflichtung zuwächst, auch etwas zurückzugeben.«* Sie führt den Spruch der Secwepemec an (»Wir sind alle verwandt«) und das Prinzip der Salish (»Wir sind eines«). Sie schreibt, dass sie von Subiyays Worten »verzaubert« sei, der von Bäumen als Baumleuten spricht. Nicht, weil ihre Intelligenz und Spiritualität der unseren gliche oder im Sinne eines »als ob«, als ob auch sie eine Art Leute seien:

»Sie sind ein Volk.

Das Baumvolk.

Ich bilde mir nicht ein, dass ich das Wissen der indianischen Bevölke-

Wald-Signatur Zeichnung © Rüdiger Tillmann

rung bis ins Einzelne verstehe. Es ist Wissen, das auf einer Methode, Erkenntnisse über die Erde zu gewinnen – einer Epistemologie – fußt, die anders ist als die meine. Eine Weisheit, die vom Einklang mit der Blüte der Bitterwurz spricht, dem Zug der Lachse, den Zyklen des Mondes. Davon, dass wir ebenso mit dem Land verbunden sind – mit Bäumen und Tieren, mit Boden und Wasser – wie untereinander und dass wir dafür verantwortlich sind, diese Verbindungen und Ressourcen zu pflegen, dafür zu sorgen, dass diese Ökosysteme erhalten bleiben, für künftige Generationen und zu Ehren unserer Vorfahren.«

Die Einleitung ihres Buches hatte Simard mit der bemerkenswerten Ankündigung beschlossen: *»Dies ist kein Buch darüber, wie wir die Bäume retten können. Dies ist ein Buch darüber, wie die Bäume uns retten könnten.«* Am Ende der Lektüre verstehe ich diesen Satz nicht als Programmansage für ein Plädoyer, sondern als autobiografisches Bekenntnis. Tatsächlich dominiert die eigene Lebenserfahrung den Text. Die Beziehung zu Menschen – Familienbande, Freundschaften, Kooperationen – steht dabei gewissermaßen gleichberechtigt neben der zu Bäumen.

Besonders aufschlussreich für ihr Weltbild erscheint mir das Verhältnis zu ihrem Bruder Kelly; Suzanne führt seinen Namen in diesem Buch durchgehend an, von den Schilderungen gemeinsamer Kindheits-Erlebnisse über Kellys Ritt als Rodeo-Reiter auf einem Bullen namens »Dantes Inferno«, ihren Streit mit ihm, der zu einem unversöhnten Schweigen zwischen beiden führt, und auch hinaus über Kellys Unfalltod und die Szene einer Begegnung mit seinem Geist, die ich gleich wiedergeben werde: bis zum Ende des Textes bleibt Kelly gegenwärtig.

Als Suzanne 36 Jahre alt ist und schwanger mit ihrer Tochter, macht sie mitten im Winter einen Solo-Ausflug auf Skiern durch das verschneite Bergland. Im frischen Schnee sind Trittsiegel von Wölfen, groß wie Untertassen. Sie findet Spuren von drei Tieren. Die kreuzen ihren Weg immer öfter und sie fürchtet, dass sie verfolgt wird. Sie versucht, den Wölfen davonzurennen. Nach Stunden sieht sie, dass die Spuren nordwärts abdrehen, die Wölfe sind nicht hinter ihr her. Ein Windstoß zerstiebt ihre über den Berg davon führenden Trittsiegel. *»Es war, als hätten die Wölfe goodbye gesagt. Ich zündete im Schnee eine Kerze an für meinen Bruder und für seinen Geist in jenen Wölfen. Die Drehkiefern waren groß und stark, und ihre hohen Kronen warfen einen flüchtigen Schatten auf mich und behüteten treu ein paar Alpenfichten. Ich brauchte das: Hier zu sein, wo die Felsen des Canyons mit kristallglänzenden Baumkronen und Wolfspacks zusammenkamen. Die Sonne stieg hinter den Granitgipfeln herauf, ich drehte mein Gesicht zu ihr hin. Dann holte ich meinen Sandwich hervor und war bereit, für immer an diesem Platz zu bleiben. Ich fühlte mich willkommen geheißen, gesund. Sauber und rein und ohne Probleme.«*

Die Passage wirft ein Licht auf Simards Gespür für die Gegenwärtigkeit des Geistes eines Ortes. Das Ritual, im Schnee eine Kerze anzuzünden für den toten Bruder und seinen Geist in den Wölfen, erhöht die Erfahrung des Moments einer Art Wiedergeburt. Der Geist des Toten ist hier ebenso anwesend wie die Spuren der Wölfe im Schnee, wie die Bäume und das Licht: alles in einer Gegenwart, die physisch und spirituell zugleich erfahren wird, ohne alle transzendente Jenseitigkeit, aber nicht ohne das Gefühl, davongekommen zu sein, und vielleicht auch nicht ohne das Aufscheinen einer latent gegenwärtigen Versöhnung, und obendrein auch noch das Sandwich-Essen. Ein Zustand des Angekommen-Seins im Zuhause der säkularen und doch spirituellen Welt.

Vierte Station: Gartower Forst

Der gräfliche Grundbesitz erstreckt sich über 57 Quadratkilometer, meist Kiefernforsten, wie auf dem Luftbild zu erkennen, umschließt aber auch alte Eichenbestände und ein relativ junges Heidegebiet.

Das Schloss mit den vier wuchtigen Schornsteinen und auf dem linken dem Klapperstorch im Storchennest lädt an Pfingsten zum Schlosskonzert, wir steigen die Treppe zum Saal im ersten Stock hinauf und lauschen dem Orchester: Die Violinistin bringt Ralph Vaughan Williams' »Aufsteigende Lerche« zum Trillern, und der Pianist am Flügel untermalt die Melodie mit langgezogenen, ruhigen Rhythmen, die den Blick durch die weit geöffneten Fensterflügel des Saales aufzugreifen scheinen. Draußen, im Sonnenschein, der Schlosspark mit der Rasenfläche und den alten Eichen, noch im leuchtenden Grün des Übergangs in den Sommer. Der Blick verliert sich in der wilden Waldlandschaft über den Mäandern des Flüsschens Seege. Die Lerche würde, vom Scheitelpunkt ihres Aufstiegs aus, weit hinten an der Elbe das Elbholz mit dem Werder und den Skulpturen der abgestorbenen Eichen erkennen. In entgegengesetzter Richtung wäre möglicherweise zumindest von einem der 200

Meter hohen Windräder aus, die der junge Graf vor Jahren im Wald hatte errichten wollen, die Nemitzer Heide sichtbar, ihre weiß leuchtenden Quarzsand-Flächen unter offenem Himmel und die dunkle Schattenlinie der Straße zwischen Kiefern- und Douglasienforsten, die über zehn Kilometer Gartow mit seinem Schloss und Trebel mit seiner Heide auf schnurgerader Strecke verbindet.

Im Jahr 1694, als Gottlieb Graf von Bernstorff das Gartower Schloss mitsamt dem Grundbesitz von an die 6000 Hektar Land kaufte, bot sich ein ganz anderes Bild voll heller sandiger Heideflächen und feuchter dunkler Moorflächen. Über Generationen hin bereiteten Förster das Gelände durch Entwässerungs- und Bodenverbesserungsarbeiten her und legten planvoll Stück für Stück des weitläufigen Forstgeländes an, das heutzutage die Drohnen-Kamera abfliegen kann. Einer dieser Förster, Hermann Junack, hat anhand der Einnahmen- und Ausgabenbücher der gräflich-von-bernstorffschen Forstwirtschaft den Aufbau der Forsten minutiös beschrieben. Seine Arbeit ist unter dem Titel *»Die Vorstufen einer Waldwirtschaft in Gartow von 1687 bis 1840«* 1989 als Dissertation von der Universität Göttingen angenommen worden. Junack beschreibt die riesige Moorfläche namens »Die Blänken«, die auch noch 1810 bestand: *»Diese Blößen ... hatten eine Gesamtgröße von rund 60,8 Hektar. Dieser Blößenfläche stand eine zusammenhängende Moorfläche von rund 75 Hektar gegenüber.«* Die Moore waren ein typisches, in Norddeutschland weit verbreitetes Landschaftsmuster, das wahrscheinlich seit dem Abschmelzen der Gletscher der jüngsten Eiszeit vor 12 000 Jahren bestand. Tacitus beginnt seine »Germania« mit einer abschreckend wirkenden Beschreibung des Landes: *»... auch wenn es ganz unterschiedlich erscheint, ist es doch entweder mit furchteinflößenden Wäldern oder mit wilden Sümpfen bedeckt.«* Heideflächen erwähnt er nicht. Sie sind menschengemacht und erst in späterer Zeit durch landwirtschaftlichen Raubbau entstanden. Junack berichtet von der riesigen Fläche der »Gartau'schen Heyde« und vermutet, dass sie durch *»jahrhundertelange Misswirtschaft durch Vieheintrieb und Plaggenhieb«* zustande kam, und er wundert sich darüber, dass auf den Karten von 1699 die nicht bewachsenen Flächen als völlig kahle Sanddünen eingezeichnet sind, ohne jeden Rest an Mutterbäumen: Damit war der natürlichen Wiederbewaldung ein Riegel vorgeschoben. Der Graf verkaufte den Bauern die von ihnen selbst abgekratzten Plaggen fuderweise. Und hier findet Junack eine plausible Begründung für die Armut der Waldböden und die Leichtigkeit, mit der sie zu vollkommen kahlen Sanddünen mutierten. Er rechnet vor, dass *»von 1694 bis 1840 insgesamt zwischen 80 000 und 90 000 Fuder an Heide und Plaggen den armen Gartower Talsanden entnommen wurden«*. Und er kommentiert: *»Dies ist als ein ungeheurer Aderlass an Humusstoffen anzusehen, den die Talsande damals in knapp 150 Jahren hinnehmen mussten. Diese Tatsache wird nach Ansicht des Verfassers zu wenig beachtet oder auch unterbewertet, wenn die Geschichte des Waldes auf den Tal- und Dünensanden des norddeutschen Raumes diskutiert wird.«*

Seine historische Karte zur Landnutzung von 1775 zeigt die Hälfte der Gartowschen Fläche (50 %) als Wald, 13 % als Ackerland und die restlichen 37 % entweder als weißes Heide-Ödland oder als dunkles Moorgebiet. Der neue Wald wurde größtenteils mit Kiefern aufgeforstet, eine Baumart, die Junack für

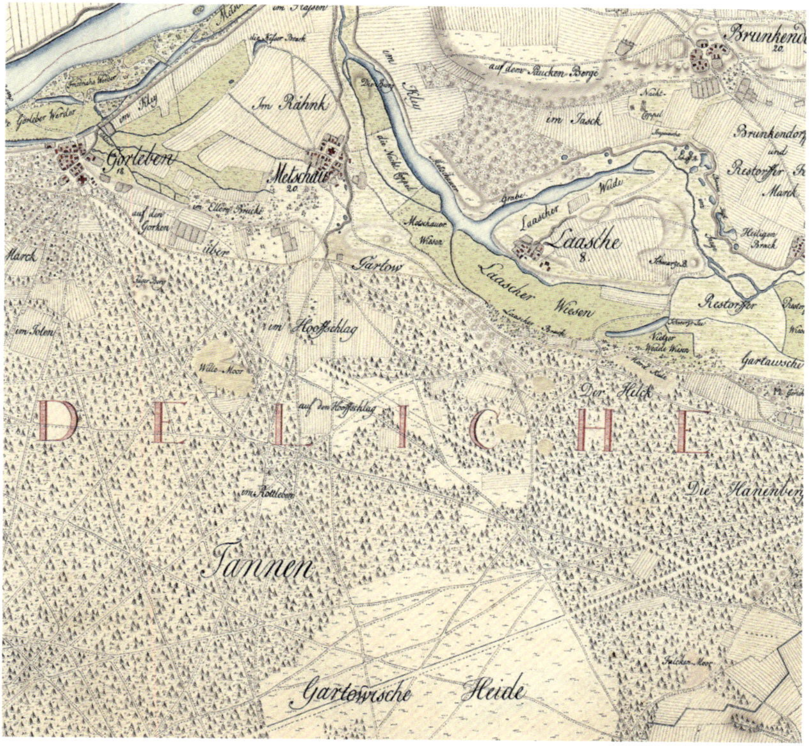

Der Gartower Forst zwischen Seege- und Elbniederung und der Gartower Heide. Ausschnitt der Kurhannoverschen Landesaufnahme von 1776

Landesamt für Geoinformation und Landvermessung Niedersachsen, © 2023 LGLN

»autochthon« hält: Sie kommt auch ohne menschliches Zutun in dieser Klimazone bei gegebenen Bodenverhältnissen vor und hat sich hier und da nachweislich durch Windflug von Kiefernsamen – ohne forstwirtschaftliches Zutun – ausgebreitet. Als man in den Fünfzigerjahren im Wald auf ein Vorkommen von hundertzwanzigjährigen Douglasien stieß (also auf eine vor entsprechender Zeit angelegte Douglasien-Plantage), nahmen

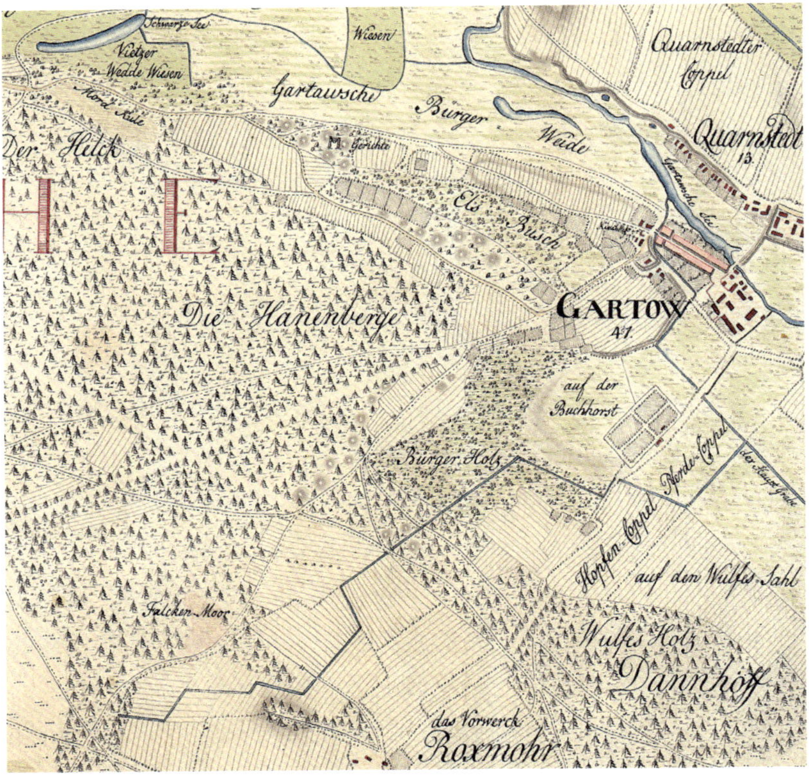

Gartow mit Schloss und Bürgerweide und der Richtung Trebel laufenden Straße, die heute in die Nemitzer Heide führt. Ausschnitt der Kurhannoverschen Landesaufnahme von 1776

Landesamt für Geoinformation und Landvermessung Niedersachsen, © 2023 LGLN

die Förster dies als Ermutigung, *»Millionen von Douglasien unter Kiefernalthölzer zu pflanzen«*, wie es in einer der von den Bernstorffs herausgegebenen Broschüren heißt.

Einmal ist im Lauf der Jahre auch ein Dampfpflug zum Einsatz gekommen. Im Sommer 1954 wurden an die 39 Hektar torfiger Moorfläche mit einem *»riesigen Dampfpflug der Fa. Ottomey-*

er-Pyrmont auf 1,10 Meter Tiefe umgebrochen«. (Teil 2, S. 282) Es ging darum, Siedlungsraum für Ostflüchtlinge zu schaffen, und neben dem Land, das ihnen in der Siedlung Prezelle frisch aufgedüngt und bestellt im Sommer 1955 übergeben wurde, konnten sie auch ihre auf Grünlandflächen fertiggestellten neuen Siedlungshäuser in Empfang nehmen.

Die Nemitzer Heide: Neu im Gartower Forst

Am 8. August 1975 kam es zwischen den Ortschaften Trebel und Prezelle morgens zum Waldbrand, der sich rasch ausweitete, aber – mit Glück – spätabends unter Kontrolle gebracht werden konnte. Allerdings waren bis dahin 2000 Hektar Kiefernforsten und Ackerland vom Feuer verbrannt und vernichtet worden. Die Grundbesitzer beschlossen, etwa ein Viertel dieser Fläche nicht wieder aufzuforsten, sondern das Gelände – unter Naturschutz gestellt und damit unter Aufsicht – sich selbst zu überlassen. Alsbald war das Land dicht an dicht mit Büschen der Besenheide besetzt, hier und da wuchsen Wacholderbäumchen, Birken oder einzelne Kiefern, und der Sand, auf dem sich diese Pflanzengesellschaft einrichtete, brach in Gestalt weiß leuchtender Sandbunker an vielen Stellen auf. In zwanzig, dreißig Jahren hatte sich nach dem Waldbrand eine Heidelandschaft etabliert, als ob sie nur darauf gewartet hätte, einer dem Boden tief eingeschriebenen Codierung zu folgen. Um sie in ihrer Bilderbuch-Heidegestalt zu erhalten, hatte man anfangs die Birkenbäumchen abgeschnitten, aus denen alsbald kandelaberförmige Stämme emporstrebten, die, groß und stark geworden, der Nemitzer Heide heute einen besonderen Akzent geben, zusammen mit den phantastisch ausgebildeten Kiefernsolitären mit ihren auf dem Sandboden scharrenden Ästen und den vergleichsweise kleinen, aber an Zahl und Umfang wachsenden Wacholdern.

Das Problem der nachwachsenden Birken ist hier, wie meist, durch eine Herde von 350 Heidschnucken gelöst, die unter Aufsicht eines urig wirkenden langbärtigen Schäfers in phantasievoller Tracht mit breitkrempigem Hut und langem Stab dafür sorgen, dass nichts hochwächst. Beim Heideblütenfest tritt der Schäfer als Fotomotiv in Erscheinung, noch häufiger allerdings die Heidekönigin mit ihren beiden Heideprinzessinnen. Eine tourismusfördernde Infrastruktur ist längst eingerichtet – es gibt Parkplätze für PKW, Busse, Wohnmobile, den Neubau des Cafés Heidehaus, Ferienwohnungen und Hotels, reetgedeckte Unterstände an den Wegen, Sitzbänke auf den Aussichtspunkten und dazu Begleitangebote – Plan- und Kutschwagenfahrten, Eseltouren. Es ist nicht übertrieben, die Nemitzer Heide mit ihren 550 Hektar als touristischen Magnet zu bezeichnen. Ein Beispiel für die gelungene veränderte wirtschaftliche Nutzung des Waldes und ein Nachweis für die Profitabilität der Erholungsfunktion, die mehr Einkommen für mehr Menschen generiert als es die holzwirtschaftliche Nutzfunktion könnte, selbst wenn man die Unterstützung des Heide-Unternehmens durch EU-Mittel oder ähnliche Gelder gegenrechnet.

Wegen der vergleichsweise großen Zahl von Spaziergängern, die man dort treffen könnte, machten wir anfangs einen Bogen

Nemitzer Heide im August 2020 © E. v. Maltzahn

um das Gebiet. Man ist es hier in den relativ menschenleeren Landschaften an der Mittelelbe gewohnt, beim Gang durch die Wälder nur selten, falls überhaupt, einer Menschenseele zu begegnen. Aber nach Dutzenden von Spaziergängen, die zu jeder Jahreszeit interessante Ausblicke brachten, ist das Heideland zur Daueroption für unsere Rundgänge geworden, gerade auch für »philosophische« Gespräche mit Besuchern. Manchmal sind wir ganz allein in dem Areal unterwegs, und manchmal wimmelt es von Menschen. Einmal – zur Heideblüte im August – waren zwei Reisebusse angekommen. Womöglich ein Betriebsausflug. Lauter junge Frauen schlenderten in Gruppen oder zu zweit durch die Heide. Wir lasen an ihrem Verhalten, dass ihnen diese Landschaft aufregend neu war. Begeistert blickten sie umher, grüßten lächelnd und versuchten, mit verlegen wirkenden Handhaltungen, die wider dem Gebote abgepflückten Stängel blühenden Heidekrauts zu verbergen. Ein andermal, später im Herbst, waren wir die einzigen Besucher, unterwegs auf den Sandwegen mit meinem Schwager, der in Norddeutschland aufgewachsen war, sein Leben aber in Süddeutschland verbracht hatte, und ich sah, wie tief ihn der Heide-Gang berührte. Vielleicht war es die Leichtigkeit des Schritts auf dem Sandboden, die seine Füße wieder erinnerten, vielleicht nahm er die Heide als eine Art landschaftliche Urschrift wahr, wie jene unter mancher Schrift verborgenen noch viel älteren Schriften, die auf Pergamenten in den Bibliotheken mittelalterlicher Klöster gefunden und mit einem bedeutsam klingenden Wort »Palimpsest« genannt werden: So ist die Heide dem Land unter den Feldern und Forsten hier im Norden an vielen Stellen gewissermaßen eingeschrieben.

Inzwischen, so berichten die Beobachter des Geländes von den Natur- und Vogelschutzverbänden, sollen sich auch die alten Heidebewohner unter den Tieren wieder einfinden. Klaus Müller vom NABU erzählt begeistert, jemand habe sogar einen Triel gesehen. Ein Triel ist ein seltsamer Vogel, dessen Bild mich an Fotos des Rennkuckucks (»Roadrunner«) der Sonora-Wüste erinnert, aber auch an ein Blechspielzeug oder, mit seinen gelben Augen, an einen stark abgemagerten Grünspecht. Und der Ziegenmelker, heißt es auf den Texttafeln am Parkplatz, habe sich in der Nemitzer Heide aufs Neue angesiedelt. Ich sehe den schaukelnden Flug und höre den schnarrenden Ruf dieses Vogels vor mir, am Waldrand des Johannisbergs in einer Abenddämmerung aus meiner Kindheit, und wünsche mir, ihm noch einmal zu begegnen.

Tiere im Gartower Forst

Dass Tiere zurückkommen, die schon verschwunden waren, weil ihr Lebensraum und ihre Lebensgrundlage abhandenkamen oder weil sie von Menschen verfolgt wurden, erscheint mir auf meine alten Tage als greifbare Gnadenserfahrung, auch wenn mir klar ist, dass es einfach die Wiederherstellung der alten Lebensmilieus ist, was die Chance auf Wiederkunft erhöht. Die Einstellung der meisten Menschen gegenüber Tieren hat sich in unseren europäischen Gesellschaften ebenso wie die betreffende Gesetzgebung geändert, seit Philosophen wie Jeremy Bentham und Immanuel Kant die Tierquälerei (Ende des 17. Jahrhunderts) verurteilten. Heute zögern viele, Tiere als »Raubzeug« oder »Schädlinge« zu diffamieren, um ihre Tötung zu rechtfertigen, und nehmen die Vielfalt der Arten nicht nur als ökologischen Nutzen, sondern haben auch Freude daran, selten gewordene Tiere zu sehen: einen Reichtum, den wir genießen. Neu ist daran, dass diese Perspektive (auch juristisch) vorherrscht. Und immer noch wird über die Aufnahme bestimmter Tierarten in das moralische Universum verhandelt. Angesichts der Liste erlegter »Raubtiere« im Gartower Revier aus den Jahren 1811 bis 1831 kann man sich fragen, welche Abschüsse man heute vielleicht immer noch rechtfertigen würde: 1303 Falken, 1129 Katzen, 655 Hunde, 614 Eulen, 301 Habichte, 251 Wiesel,

221 Elstern, 130 Kolkraben, 85 Fischreiher, 43 Weihen, 22 Uhus, 18 Adler, zwei Adlereier. Von Waschbären, Marderhunden und Nutrias ist noch keine Rede, sie waren hierzulande noch nicht angekommen. Und von Wölfen ist keine Rede, weil sie nach einer andauernden Vernichtungskampagne hierzulande nicht mehr auftauchten.

Der Verfasser der so genannten Wendland-Chronik, Johann Parum Schultze (1677–1740), berichtet von Erzählungen seiner Großmutter, die in den 1630er bis 1650er Jahren noch derart viele Wolfsspuren im Schnee fand, dass sie aufs erste glaubte, eine Schafherde sei durchgezogen. Allerdings sei die Wolfsspur unverkennbar: *»Sein fuss Spur war so Grosz, als wenn ein Mensch seine Finger so krum von Einander sperret und sie in den Schnee oder weichen Leimen stecket war die Breite und gleich wie Hundstappen.«*

Schultze berichtet auch von seiner eigenen Teilnahme als Treiber bei zwei Wolfsjagden, die wohl in den Jahren 1689 und 1691 veranstaltet wurden: *»Ich, Johann Parum Schulz, bin gleichfalls 2mal mit zu der Jacht gewesen. Einmal kriechten wir Einen Wolff Eine ganze Ecke in der Lucie, der war grässlich auf der Rücken. Denn gab der Oberförster Einen Schosz gleich auf der Verbucht, da kluckerte das Blut heraus, dass er sein Leben da einbüssen muste. Dieses geschah, da ich ein Knabe von 12 Jahren war. Nach 2 oder 3 Jahren ward wieder ein Wolffes Jacht, da kriechten wir den Wolff nahe bei Künsche, dessen hare waren voszgelb. Als er geschossen wurde und todt da lach, Kam ich und andere gleich auf der Stelle zu, da er Todt lach. Da wurden 4 Männer dazu gezwungen, das sie den Wolff tragen mussten bis an die Wagen, die nicht weit davon stunden.«* (Die Lucie ist ein Bruchwaldgebiet, damals gerade in gräflich-bernstorffschen Besitz gekommen.

Das Wort »grässlich auf der Rücken« ist wohl wie »gräulich« zu verstehen: ein grauer Wolf.)

Inzwischen lebt im Gartower Forst wieder ein Wolfsrudel. Mit der Fotofalle wurden im Juli 2014 sieben Wolfswelpen nachgewiesen. Die Wolfs-Beauftragte der Landesjägerschaft, Britta Habbe, veröffentlicht das Foto und teilt ihre Vermutung, dass die sechs im Vorjahr geborenen Wölfe inzwischen abgewandert sind auf der Suche nach ihrem eigenen Revier. Jeder Wolf beanspruche ein Territorium von 200 und 300 Quadratkilometer für sich.

Als am Ersten Weihnachtstag 2015 ein unter Kopfhörern abgeschirmter Jogger einen Waldweg im Gartower Forst entlangläuft, wird er von zwei wolfsähnlichen Tieren verfolgt, die nach seinen Händen schnappen und ihm einen Hautriss beibringen. Er verscheucht sie und meldet, er sei von zwei Jungwölfen angegriffen worden. Die Meldung geht wie ein Lauffeuer durch die Presse: *»Wolf soll Jogger gebissen haben«* (BILD), *»Jogger von Wölfen in Gartow verletzt – dreiste Jungwölfe«* (Jägermagazin), *»Möglicher Wolfsangriff auf Mann in Niedersachsen«* (Welt). Experten halten diese Wolfsbegegnung für fragwürdig, Wölfe schnappen nicht nach Händen: Es werden wohl eher junge Hunde gewesen sein.

Jedenfalls vermehren derartige Meldungen die Flut von Verhaltenstipps bei einer Begegnung mit Wölfen. Meistens wird daran erinnert, dass man Wölfen eine Möglichkeit geben muss, sich zurückzuziehen, und dass man ihnen nicht nachlaufen soll und Jungtiere keinesfalls streicheln oder füttern soll.

Im Gartower Forst sind solche Ratschläge dem Wolfslehrpfad zu entnehmen, der in der Nähe eines Wildgatters mit Rot-,

Dam- und Schwarzwild beim Forsthaus Falkenmoor angelegt ist. Das Wild im Gatter darf gefüttert werden – für Kinder mit ihren Familien wohl immer ein besonderes Erlebnis.

Die Erholungsfunktion des Waldes bestimmt die wirtschaftliche Nutzung immer stärker. Neben dem Heide-Tourismus und den Erlebnis-Angeboten gehört – *cum grano salis* – auch der Ruheforst dazu, den die Bernstorffs – anscheinend mit anhaltendem Zuspruch – in einem unter Naturschutz stehenden Waldwinkel unweit der Elbe betreiben. Die Möglichkeit eines Grabes am Fuß eines Baumes anstelle der herkömmlich vorherrschenden Friedhofsbestattung wird offenbar von einer wachsenden Zahl von Menschen wahrgenommen. Man kann diesen Trend marktwirtschaftlich als Ausfüllen einer Bedarfslücke deuten oder einfach als Alternative zu den überteuerten Kosten traditioneller Beerdigungen. Man kann darin auch ein Zeichen der Abkehr von christlichen Auferstehungserwartungen sehen und eine Hinwendung zu pantheistischen Bildern andauernden Wandels. Die anfänglich ablehnende Haltung der Kirchen ist inzwischen der Bereitschaft gewichen, sich selbst in das Projekt des naturnahen Bestattungswesens einzubringen. Möglicherweise steht dieser relativ neuen Waldnutzungsfunktion eine große Zukunft bevor.

Das Elbholz, Seele des Gartower Forstes

Als glückhafter Winkel innerhalb der weitläufigen Gräflichen Forsten erscheint mir seit Jahren das Elbholz. Hermann Junack, der sich in seiner Forstgeschichte ausgiebig mit der Bewirtschaftung dieses gesegneten Waldes befasst, beschreibt es in seiner Dissertation nüchtern und knapp: *»Das Elbholz ist ein getrennt liegender Waldkomplex von rund 110 Hektar Größe am Nordrand des Forstamtes am Südufer der Elbe. Er ist den jährlichen Hochwassern ausgesetzt und ist seit dem 14. Jahrhundert von Deichen geschützt. Der Boden besteht aus strengem Aueton, die Bewaldung aus Stieleiche mit den Nebenbaumarten Hainbuche, Feldrüster und Feldahorn.«*

Ich bin zuerst bei Wanderungen entlang der Elbe – entweder von Pevestorf oder von Schnackenburg her – zu dem Werder zwischen Deich und Elbufer gekommen, auf dem alte Eichen in Gruppen zusammenstehen, die beim Näherkommen immer attraktiver zu werden scheinen ebenso wie auch die enorm hohen zwischen ihnen aufragenden Solitäre und vor allem die toten Bäume: wie Skulpturen aus Silber und Stein scheinen sie aus einem nicht-organischen Material gefertigte Monumente. Man vergleicht und sucht nach den stärksten Eindrücken. Alle erinnern entweder an Caspar David Friedrichs Gemälde oder an die bukolischen Szenen auf englischen Teetassen.

Hinter dem Deich beginnt der Eichenwald mit seinen Lichtungen und Wassertümpeln, der seit vierhundert Jahren in dieser Gestalt besteht und vielleicht anfangs vor allem der Schweinemast diente. Junack zitiert einen Vorgänger, der den wirtschaftlichen Ertrag der Schweinemast mit Eicheln in den so genannten Mastjahren berechnet hat: »*Wurden bereits 1694/95 nach der Einschätzung des kurfürstlichen Försters in Pretzetze 289 Schweine aus den umliegenden Örtern in das Elbholz eingetrieben und dafür insgesamt 324 RT erlöst. Diese Einnahme aus der Mast war 1694 höher als für Holz (108 RT) und für Wild (69 RT) zusammen.*«

Ob das Fleisch der damals mit Eicheln gemästeten Tiere anders schmeckte als das der heute mit Kraftfutter auf nicht zu hohe Fettanteile hingetrimmten? Aber sind Schweine von damals überhaupt mit den heutigen vergleichbar? Mittelalterliche Darstellungen zeigen ja eher wildschweinartige, kleinere und schlankere Varianten. Eitle Spekulation, haltbar erscheint mir einzig die Vermutung, dass dieser alte Eichenwald der Schweinemast wegen überhaupt angelegt worden ist.

1835 gab es im Elbholz 5698 Eichen, die älter als 200 Jahre waren und deshalb als »haubar« taxiert wurden. Es kam zu einer Auseinandersetzung über das Vorhaben, diese Bäume zu fällen und zu verkaufen. »*Graf Ernst von Bernstorff stellte – offenbar in Abwehr zu den Mitgliedern seiner Familie – fest, dass er die besagten 5698 Eichen wie herangewachsene Früchte des Bodens nutzen dürfe, wie es seine Vorfahren bis zum Zeitpunkt der höchsten Reife – und teilweise noch darüber hinaus – zu benutzen unterlassen hatten.*« Das Fällen der Bäume war kein Kahlschlag, zwischen den alten Eichen gab es 27216 jüngere, die als »nicht haubar« bestimmt worden waren. Und im gleichen Jahr 1835 wurde – womöglich aufgrund der vorausgegangenen Kontroverse – ein »Kulturplan für das Elbholz« mit drei Stufen aufgelegt, der zunächst auf 21 Hektar landwirtschaftlich genutzter Flächen (Roggen, Hafer, Weizen) die Aussaat von Eicheln vorsah, die nach dem Keimen der Bäumchen

Elbholz im Winter, vom Elbufer her © Helmut Schnieder

zwei Jahre später in so genannten Eichen-Lohdenpflanzungen weitergeführt und schließlich (laut Plan für 1844–55) zu Pflanzungen hochstämmiger Heister auf 27 Hektar führen sollte.

Jenseits des so aufgebauten Eichenforstes blieb das Elbholz weitgehend in seiner alten aufgelockerten Wald-Gestalt erhalten, und wir finden uns heute auf Lichtungen unter verstreut verteilten zwei- und dreihundertjährigen Eichengruppen aus jener Phase.

Kein Zufall, dass der Dichter Nicolas Born, als er Salomon Gessners (1730–1788) »Idyllen« wieder und wieder las, mit dem Auto von Breese zum Elbholz hinüber fuhr (man ist eine gute halbe Stunde lang unterwegs). Das aus mehrfachen Exkursionen entstandene lange Gedicht *»Einige Notizen aus dem Elbholz«*

ist ja auch eine Prüfung des Idyllischen der Natur – auf welche Weise, wenn überhaupt, wo wäre dies in einer dem nüchternen Blick verschriebenen Sprache unterzubringen? Ich greife hier ein paar Passagen jenes im November 1977 entstandenen Werkes heraus, die das Idyllische belegen, ohne ins Schwärmen zu geraten, verpflichtet einer nüchternen Sprache und einer illusionslosen Sicht der Welt:

Alles nicht aus Ideen gemacht, schwarzes
nasses Geäst der geschmähten Eichen
rumpelt am Himmel
Falbes Schilf, Basaltmolen, Schauer, wie geträumt
aus weißem Gras
…
Kein Mensch könnte das in Unordnung halten
dies klare Durcheinander des Wachsenden
übereinander Hergefallenen. Schichten
dunkle Kolke, Nebelfetzen
im Wind siedendes Riedfeld

Lichte Wolke, fleischfarben
Lichtung, helle Windstille, schön hingelagert
für ein Fest das nicht ist
…
Aber Elbholz, schönes Sinken
gelegene Wiesen, Seelen der Bäume, Vögel
alles von mir genommen und ausgestellt
…

Manchmal wird die Schönheit allgemein
der Körper irgendwo hineingeschmiegt ins Sehen
es gibt keine Achse, keinen Punkt, alles ist
schon geformt, alles ist da und zugleich
verschwunden, ganz gedankenstill

...

Sturmschneise, gesplissene Stämme
niedergeworfenes, weggeschütteltes Geäst
schwere Brüche – in der langen Stille
nach dem Sturm sieht das nicht
wie ein Schaden aus

Momentaufnahmen, Eindrücke, Wörter, die Konkretes bezeichnen, aber auch Dinge wie »Schönheit« und »Stille« nennen und manchmal sprachliche Zärtlichkeit – »hineingeschmiegt« – üben. Axel Kahrs hat in seiner ausführlichen Interpretation des Gedichts gezeigt, dass das »Idyllische« der Natur bei Born keinen von der Erkenntnis der bestehenden Verhältnisse wegführenden Irrweg bezeichnet, sondern vielmehr ein utopisches Moment, in dem zum Vorschein kommt, was den gegenwärtigen Verhältnissen fehlt. Diese Lesart von »Idylle« findet er auch bei Salomon Gessner, den Born in der Vorrede zu seiner Elbholz-Idylle als Impulsgeber nennt.

Eine besondere Kühnheit von Borns Gedicht besteht, so meine ich, einfach darin, dass er sich auf die Natur überhaupt einlässt. 1977 war Naturnähe und Hinwendung zur Natur unter Intellektuellen der Bundesrepublik suspekt, während Johannes Bobrowski und Peter Huchel in der DDR schönste Naturlyrik schrieben. Es ist passend und bezeichnend zugleich, dass Nicolas Born 26 Jahre nach seinem Tod der Peter-Huchel-Preis verliehen wurde.

Das Elbholz ist nicht nur ein ökologisches und ästhetisches Kleinod unter den alten Wäldern Norddeutschlands, sondern auch ein Kulturdenkmal: An dieser Stelle hat Nicolas Born der westdeutschen Nachkriegsliteratur die Tür zur Natur aufzustoßen versucht.

Helmut Schnieder, der seit Jahren unterwegs ist, die Sterne am Himmel über dem Wendland zusammen mit den Bäumen der Wälder zu fotografieren, erklärt (in einem Rundschreiben an »Sternenfreundinnen und Sternenfreunde«), dass in der Nacht, in der diese Aufnahme entstand, eine Temperatur von -15° C geherrscht habe, dass er beim Warten die frierenden Nutrias, um deren Schwänze sich eine Eiskruste gebildet hatte, mit Möhren fütterte und dass der letzte hannoversche König, Georg V., im Jahr 1865, als er erblindet war, die Eiche umarmt habe, deren Torso heute als »Königseiche« bezeichnet wird. Eine Wendung aus Borns »Notizen« kommt mir angesichts des Bildes in den Sinn: »Seelen der Bäume.«

Vertreiben Windkraft-Anlagen den Geist des Waldes?

Als Fried von Bernstorff im Jahr 2017 dem Landkreis und den betroffenen Kommunen seinen Plan für ein Windpark-Projekt

Winternacht im Elbholz, unter dem Sternbild »Orion« der Torso der Königseiche

© Helmut Schnieder

präsentiert, erhebt nicht nur die Verwaltung Bedenken aufgrund von Genehmigungsschwierigkeiten: Die Ablehnung der Bürger in den Gemeinden ist überraschend heftig und erscheint Beobachtern als emotional und irrational. Der Journalist Benjamin Piel stellt in der »Zeit« unter der Überschrift »Plötzlich sind die Grafen die Bösen« die Argumentation der Befürworter als rational und vernünftig vor, die Ablehnungen von Vertretern der Bürgerinitiative dagegen als kaum verhandlungsfähig und nicht nachvollziehbar. Die »taz« zitiert zwei wohl typische Stellungnahmen: *»Es würde eine riesige Industrieanlage entstehen. Der Wald drum rum ist dann nur noch Kulisse.« – »Diese Anlage würde den Wald zerstören, er wäre dann nicht mehr da.«*

Die Heftigkeit der Reaktion deutet auf ein Indiz für das Fehlen jeder Verhandlungsbereitschaft: Da erscheint eine rote Linie. Ginge es nur um Vernunftgründe, ließe sich das Thema wohl verhandeln: Wir brauchen ja beides, Windenergie und den Erhalt der Wälder, vor allem der alten Wälder, den besten Kohlendioxidsenken. Als Gebot der Stunde erscheint zurzeit die Unabhängigkeit von fossilen Rohstoffen. Aber dies kann nicht eine Preisgabe der Wälder rechtfertigen. Der Bau von Windkraftanlagen schließt keineswegs notwendig die Bedrohung des Ökosystems Wald ein: Im Prinzip ist das Aushandeln von Kompromissen zwischen den beiden Positionen denkbar.

Ganz unabhängig von dieser Möglichkeit finde ich nun allerdings gerade diejenigen Äußerungen betroffener Waldgänger interessant, die als verhandlungsunfähig daherkommen, weil sie sozusagen ein bloßes Bauchgefühl ausdrücken: Die tiefgefühlte Abneigung gegen das industrielle Eingreifen in die Waldwelt sucht da, so scheint mir, nach Worten, die dem öffentlichen Usus angemessen formuliert sind, und findet sie nicht. Als ob in der Tiefe der Thematik eine verborgene Schwelle vergraben sei, die nicht zur Sprache kommen kann, weil sie jenseits des Verhandlungs-Horizonts und der Verhandlungssprache liegt, aber doch gegenwärtig ist und so weit wirksam, wie der heimliche Anspruch des Waldes reicht.

An dieser Stelle muss ich Swen Alpers nennen, den Göttinger Antiquar, der mir 2021 vom Skandal des Windparkbaus im Reinhardswald berichtete, mich aber auch mit Jakob Grimms »Deutscher Mythologie« vertraut machte. Jacob Grimm (1785–1863: der Grimm, der die deutschen Kinder- und Hausmärchen gemeinsam mit seinem Bruder Wilhelm herausbrachte) hat in ungeheurer Fleißarbeit in drei Bänden zusammengetragen, was das Geistesleben der so genannten Vorzeit in unseren Breiten ausmachte beziehungsweise all das, was Mitte des 19. Jahrhunderts dazu aufzutreiben war. Dabei wendet er sich immer wieder der zentralen Rolle zu, die während jener heidnischen Zeit in den Augen der Menschen der beseelten Natur zukam. Hier eine knappe Leseprobe: *»In wie hohem ansehn WÄLDER und BÄUME bei den heidnischen Deutschen standen hat schon das vierte cap. gezeigt. einzelnen gottheiten, vielleicht allen, waren haine, in dem hain vermutlich noch besondere bäume geweiht. ein solchen hain durfte nicht von profanen betreten, ein solcher baum nicht seines laubes, seiner zweige beraubt und nie umgehauen werden. Auch einzelnen dämonen, elben, wald und hausgeistern sind bäume geheiligt.«*

Swen Alpers selbst stellt ergänzend eine Frage, die bei der Suche nach der »Tiefendimension« hilfreich ist, beim Nachdenken erweist sie sich als unausweichlich: »*Waren es nicht die monotheistischen Religionen, bei uns mithin vorrangig das Christentum, welche unsere Mit-Lebewesen erst zu ›Dingen‹ degradierten? Hatten die Altvorderen nicht einen wesentlich tieferen Zugang zu jenen, und zwar ganz ohne ›neo-romantische‹ Verklärung?*«

Könnte es sein, dass in unserer Wald-Erfahrung eine Facette aufscheint, die einem sehr alten, einst vorherrschenden Gefühl, in der Welt zu sein, entstammt? Es lohnt, dieser Vermutung ein wenig nachzugehen: Aus der philosophischen Perspektive fällt womöglich ein Licht in das Dunkel jenseits der wirtschaftlich bestimmten Sicht, die das offizielle Verhältnis zum Wald prägt (»Nutz-, Schutz- und Erholungsfunktion«). Um dahin zu kommen, muss ich einen kurzen Umweg einlegen: Der große Philosoph Karl Jaspers hat 1949 den Begriff »Achsenzeit« ins Spiel gebracht. Er fasste damit den Wandel der Weltbilder zusammen, der sich – so erschien es ihm damals – gleichzeitig in vier Weltregionen ereignet hatte: Israel, Griechenland, China und Indien, zuerst im Zeitraum 800 bis 200 v. u. Z. und darauf folgend in einer Phase der Ausbreitung mit dem Höhepunkt in der Spätantike. (In Norddeutschland fand die Ausbreitung dieser »Achse« in Gestalt des Christentums allerdings erst mit der Zeit Karls des Großen um das Jahr 800 statt und die Missionierung vieler Bewohner des Nordostens mit den Slawenkriegen noch einmal 200 Jahre später.) Welche Achse ist da gemeint? Es geht um einen Wandel des Weltbildes, der sich etwa zeitgleich in verschiedenen Kulturen ereignet. Dabei wird das alte Bild – allen Dingen wohnt eine eigene konkrete Gestalt des Heiligen inne – durch ein neues ersetzt – das Heilige befindet sich, losgelöst von den Dingen, abstrakt wie ein ungreifbarer, aber allmächtiger Punkt, im himmlischen Jenseits.

Im Diskurs über diesen Wandel taucht unausweichlich das Begriffspaar »Immanenz« und »Transzendenz« auf, das »Innewohnende« und das »Jenseitige«. Die beiden philosophischen Fachausdrücke korrespondieren mit den Wörtern »horizontal« (auf Immanenz bezogen, die der Vielheit der Erscheinungen innewohnt) und »vertikal« (bezogen auf Transzendenz, die *eine* einzige, punktgleich jenseits über allem zu denkende Ursache der vielfältigen Welt). Der Triumph der Transzendenz ist indes eine lückenhafte Angelegenheit. Zumindest angesichts der Philosophiegeschichte erscheint er weniger vollkommen, als das Vorher-Nachher-Schema des Achsenzeit-Konzepts unterstellt. Spinozas Formel *deus sive natura* (»Gott gleich Natur«) etwa bezeichnet jenen immanenz-nahen Pantheismus, den zum Beispiel Goethe aufgriff und den die deutschen Romantiker pflegten. Das althergebrachte Weltbild einer von beseelten Wesen belebten Welt ist nie ganz verschwunden und ist wahrscheinlich etwa im Reservat der Dichtkunst stets gegenwärtig geblieben.

Könnte es sein, dass uns, wenn wir eingetaucht im Wald unterwegs sind, jene vor der Achsenzeit gelegene Welt einer konkreten Heiligkeit aller Dinge begegnet? Nicht, dass uns das alte mythische Weltbild plötzlich plausibler erscheinen müsste – wir sind hier nicht in der Welt der Argumente und Plädoyers – sondern als dialogische Erfahrung: Der Wald spricht uns direkt und konkret an, und wir antworten mit unserem persönlichen Verhalten, sozusagen ganz privat, intim, existenziell, während das öffentlich zutagetretende Handeln weiter durch wirtschaftliche Interessen geprägt erscheint. Ob Kahlschlag oder nachhaltige Forstwirtschaft, ob ökologische Dienstleistung oder Erholungsfunktion: Immer geht es ja – bei unterschiedlichen Graden von Raffinesse – darum, aus dem Wald etwas herauszuholen, das in Begriffen von Heller und Pfennig benannt werden kann. Und stets kann dies Muster auf die Transaktion zurückgeführt werden, die Karl Jaspers mit der »Achsenzeit« beschrieben hat: Die der Natur innewohnende spirituelle Kraft wird abgezogen und in einem Punkt zusammengeballt, der außerhalb der unseren Sinnen zugänglichen Welt liegt – ein Transfer religiöser Kraft, welcher deren vielfältige und verstreute Erscheinungsformen »auf den Punkt bringt« und als höchsten und einzigen Beweggrund inszeniert.

Keiner hat diese Zusammenhänge klarer benannt und demonstriert als der amerikanische Wissenschaftshistoriker Lynn White in seinem bereits 1966 gehaltenen Vortrag zum Thema »Die historischen Wurzeln unserer ökologische Krise«. Seine epochemachende Ansprache bei der AAAS (*American Association for the Advancement of Science*) wurde als Text 1967 in der Zeitschrift »Science« (damals und heute noch »erste Adresse«) publiziert und führte zu intensiven Auseinandersetzungen mit viel Zustimmung und Kritik – eine Reaktion, die immer noch anhält, wie kontroverse Stellungnahmen neueren Datums bei *Wikipedia* belegen. White führt uns die Folgen der Entseelung der Welt vor Augen, die mit der christlichen Mission einherging: *»Dass der Mensch die Natur gemäß dem Willen Gottes für eigene Zwecke nutzen soll, wirkte sich auf der Ebene der einfachen Menschen auf interessante*

Pflanzen besiedeln Sandboden und bilden einen jungen Wald: Passage bei den Sandgruben der »Wüste Gobi«
Zeichnung © Rüdiger Tillmann

Weise aus. Im Altertum hatte jeder Baum, jede Quelle, jeder Strom, jeder Hügel seinen eigenen Genius loci, seinen Schutzgeist. Diese Geister waren Menschen zugänglich, aber sie glichen den Menschen nicht: Zentauren, Faune und Nixen belegen die Doppelwertigkeit dieser Erscheinungen. Bevor man einen Baum fällte, eine Grube in einen Berg trieb oder einen Bach aufstaute, war es notwendig, den Geist zu beschwichtigen, der für die jeweils besondere Stelle zuständig war, und ihn besänftigt zu halten. Indem es diesen heidnischen Animismus zerstörte, machte es das Christentum möglich, die Natur in Gleichgültigkeit gegenüber den Gefühlen der Naturdinge auszubeuten. … Die Geister in den Naturobjekten, die vorher die Natur vor den Menschen geschützt hatten, verflüchtigten sich. Der Monopol-Anspruch des Menschen auf den Geist dieser Welt wurde bestätigt, und die alten Hemmungen vor der Natur-Ausbeutung zerfielen.«
White bezeichnet den Sieg des Christentums über das Heidentum als *»die größte psychische Revolution unserer Kulturgeschichte«*. In seinen Augen fahren wir mit unseren Denk-Gewohnheiten und unseren Handlungsmustern immer noch auf den Geleisen jener Weichenstellung, selbst dann, wenn wir meinen, der Kirche eher fernzustehen. *»Unsere alltäglich geübten Handlungsgewohnheiten, beispielsweise, sind bestimmt durch den impliziten Glauben an einen dauerhaften Fortschritt, wie er in der griechisch-römischen Antike oder dem Orient unbekannt war. Der wurzelt in judeo-christlicher Teleologie.«* (Teleologie als Vorstellung einer Zielbestimmung des Seins, ähnlich der eschatologischen Hoffnung auf »Vollendung«) Und er behauptet, dass wir selbst dann, wenn wir Darwins Evolutionsidee für plausibel halten, derzufolge alle Lebewesen miteinander in einem wortwörtlichen Sinne verwandt sind, *»in unseren Herzen uns nicht als Teil des natürlichen Entwicklungsprozesses verste-*

hen. Wir sind der Natur überlegen, ihr gegenüber verächtlich und stets bereit, sie beim geringsten Anlass auszunutzen.«

Solange kein anderes Wertsystem als verbindlich akzeptiert worden sei, fährt er fort, wird sich die »Ökologische Krise« verschlimmern, bis wir das mit dem Christentum vermachte Axiom in der Tat ablehnen werden, wonach die Natur keinen anderen Daseinszweck erfüllt als den, dem Menschen dienstbar zu sein. Gangbare alternative Wertvorstellungen sieht er im Buddhismus angelegt und in der Bewegung naturverbundener junger Amerikaner seiner Zeit (der »Hippiezeit«), doch warnt er vor Versuchen, die Beseeltheit der Welt mit der christlichen Weltsicht zu verbinden: *»Für einen Christen darf ein Baum nicht mehr sein als ein physisches Faktum. Das ganze Konzept des Heiligen Haines ist dem Christentum wie dem westlichen Ethos fremd. Fast zweitausend Jahre lang haben christliche Missionare heilige Haine gefällt, die ja dem Götzendienst dienen, weil sie auf der Annahme gründen, dass in der Natur Geist sei.«*

Whites Text vermag uns Lesende immer noch zum Nachdenken bringen. Dass er die Möglichkeit ausschließt, dass ein Christ einen Baum nicht nur als »physisches Faktum« wahrzunehmen vermag, will nicht zu meinen Begegnungen mit Kirchenmenschen passen, die Bäume als geliebten Bezugspunkt ihrer natürlichen Umwelt schildern. Wie kann ich ausschließen, dass sie den Bäumen dabei eine eigene geistige Präsenz zugestehen? Weshalb sollte ich die Versuche von kirchlicher Seite nicht ernst nehmen, die harsche Dogmatik der Schöpfungsgeschichte zu mildern und das Narrativ vom Menschen als Herrscher der Schöpfung neu zu erzählen als Narrativ vom Menschen in der Rolle eines »Steward« oder guten Hirtens seiner »Mitgeschöpfe«?

Vielleicht findet der theologische Diskurs einen Dreh, den Erhalt der artübergreifenden Gemeinschaft von Lebewesen anstelle der vorherrschenden Entseelung der Welt zu fördern.

Die Neigung vieler Zeitgenossen, den Wald als eine besondere Wirklichkeit zu erfahren und dort spontan eine kostbare und schützenswerte Welt zu erblicken, ist den alten immanenten Wahrnehmungsmustern der Vor-Achsenzeit kompatibel. Für ein Projekt, das die Beseeltheit der Dinge wieder hervorzurufen unternimmt, ist dies eine ermutigende Beobachtung. Sie belegt eine Orientierung, die man mit Ernst Blochs Wort »Naturallianz« nennen möchte. Selbst wenn Bloch da ein metaphysisches Muster bezeichnen wollte, das die natürliche Welt als Verbündete von uns Menschen wahrnimmt, so fällt ja auch das Umgekehrte ins Gewicht: Viele von uns neigen dazu, sich als Verbündete der Natur zu verhalten. Es ist nicht auszuschließen, dass eine Wechselwirkung zustande kommt, die das »Prinzip Hoffnung« rechtfertigen könnte.

Fünfte Station: Binnendüne bei Kleinschmölen

Vom Süden aus erscheint die Düne als weißer Bergriegel über dem grünen platten Auenland, quer zur Elbe, die hier an der Stelle nach Westen dreht, an der die Löcknitz einmündete, bis man in den Sechzigerjahren dem Flüsschen den Weg versperrte und es in einem Kanal um die Festungsstadt Dömitz herumleitete. Luftbilder zeigen die weiße, gegen den Wind liegende offene Sandflanke der Düne und auf der Leeseite den grünen Kiefernwald, der bis zum Dünenkamm hinaufreicht und den Sand mittlerweile mit einer dünnen Schicht aus von Pilzfäden durchzogenem Humus abdeckt. Nach vergeblichen Versuchen, die wandernde Düne mit dem Anbau von Strandhafer zu fixieren, erwies sich schließlich die gute alte Kiefer als einzig probates Mittel, wenngleich auch sie den Sand nicht vollständig im Griff hat. Ein Dutzend Kilometer stromab bei dem Ort Stixe hat eine Düne ähnlicher Größe Teile des Kiefernwaldes verschüttet: Die Baumstämme ragen mitsamt den Schirmästen aus dem Sand empor.

Unser Dünengelände hier ist von überschaubarer Ausdehnung: zwei Kilometer lang, stellenweise bis 600 Meter breit und 30 Meter hoch über der Löcknitz-Aue (40 Meter über Normalhöhennull). Ein faszinierender Flecken ganz eigener Ästhetik und voll seltener Blütenpflanzen und Insekten. Die meisten der Besucher, die wir hierher bringen, nehmen das Außergewöhnliche des Ortes wahr. Die Farben haben manche an die Insel Sylt, andere an Afrika erinnert.

Wir steigen die Düne auf der Westseite empor, wo der Sandboden schon unter einem Anhauch von Pionierbewuchs liegt, dem die Spuren von Fahrzeugen und Schuhen ein dauernd erneuertes Muster aus Pfaden eingravieren. An Stellen, die ein »Steilufer« bilden, greift auch der Wind zu, sodass dort der Quarzsand als weißes Leuchten zutage tritt. Vielleicht, so spekulieren wir, haben einst die herabgewirtschafteten Passagen des »Heidelands« überall in den Wäldern Norddeutschlands bis ins 17. Jahrhundert so oder so ähnlich ausgesehen.

Rippelmarken und Spuren auf der Sandfläche der Binnendüne bei Kleinschmölen

© Helmut Schnieder

Unter den Baumgruppen am Dünenscheitel betreten wir Flächen, die von Islandmoos und Strandhafer zugleich besiedelt sind. Im Schutz der Bäume ist der Sandboden mit Büscheln dünner, blau schimmernder Grashalme übersät, von denen ein englischer Freund behauptet, dass sie ein Relikt aus der letzten Eiszeit seien. Wir hören das kehlige Trompeten von Kranichen und sehen gleich darauf zwei Geschwader tief über den Baumwipfeln auftauchen. Ihr Flugbild hat etwas Kalligrafisches – an den Himmel geschriebene Botschaften –, und die Serie ihrer eleganten dunklen Figuren vor dem tiefen Blau der kühlen Oktoberluft bringt uns dazu, ihnen lange nachzuschauen. Auf dem

Moränenkamm hinter dem Fluss liegt die Langendorfer Höhe. Von hier aus betrachtet, fällt dort das aus Eisenträgern errichtete Kastengestell des Torii-Turms ins Auge, das 1975 von der US-Armee als Sendemast für Vietnam gebaut worden war, aber, da der Krieg in Vietnam zu Ende ging, nach Deutschland verfrachtet und von der britischen Besatzungsmacht hier an der Grenze zur DDR als Abhörstation installiert worden war. Weiter links (südlich) davon der eckige Förderturm des so genannten Erkundungsbergwerks von Gorleben, mitten in den gräflichen Wäldern, wo das Atommüll-Endlager nach den Plänen der Obrigkeit untergebracht werden sollte, was den legendären Widerstand der Bevölkerung und den des Grafen mobilisierte, bis das Salzbergwerk nach Jahrzehnten schließlich (2021) als ungeeignet ermittelt und aus den Verhandlungen über eine Liste möglicher Standorte ausgeschieden wurde.

Wäre hier auf dem Dünenscheitel ein ähnliches Turm-Monument vergangener Kämpfe erhalten, könnten wir gleich hinter dem Städtchen Dömitz im Wald am Ufer des Urstromtals die Stelle ausfindig machen, an der die Rüterberger Tongrube liegt. Und noch weiter hinten, stromab, wäre der Weinberg von Hitzacker auszumachen, hinter dem sich der »Drawehn« ausdehnt (das polabodrawenische – wendische – Wort für »Holzplatz«), zu dem auch die Göhrde gehört.

Der Wald auf der Leeseite der Düne, den wir jetzt betreten, bietet eine weitere, fünfte Variante in dieser Revue von Waldlandschaften: ein Wald, angelegt, um den Riss in der Vegetationshaut des Landes zu verdecken wie ein Wundpflaster. Doch noch klafft der nackte Aufschluss auf der windzugewandten Seite, noch ist da die exotische Gestalt ganz unveraltet präsent, noch fördert der Sand die Geschichte zutage. Vor zwölftausend Jahren, als das Eis wegschmolz, schwoll der Fluss im Urstromtal mächtig an und trug eine enorme Sandfracht nordwärts. Überall bildete er Sandbänke, Sandinseln, Sandflächen. Der Wind fegte die Sande auf der östlichen Seite zusammen und häufte eine Kette von »Wittenbergen« auf. Und dann, im Lauf der Zeit, gesellten sich die Kiefern dazu, zäh und skurril auf weißem Grund – ein durchgängiges Muster, ein Zusammenklang, der als Grund-Melodie in den meisten dieser Wälder vernehmbar blieb.

Vielleicht nicht der schlechteste Platz für den Ausklang unserer Tour: Wälder sind Menschenwerk, hier auf der Leeseite sind sie zur Fixierung einer Wanderdüne angelegt. Da nimmt uns ein Wald voll kräftiger Kiefern auf, nur eine Handvoll sind von Sturmwinden aus dem Moosboden herausgedreht oder abgeknickt, hier und da steht breit hingeduckt eine einzelne Eiche, und durchgängig ist das Unterholz mit Bäumchen der Traubenkirsche besiedelt, deren gelbe Blätter vor dem dunklen Hintergrund der steil ansteigenden Rückseite der Düne hell aufleuchten. Viele Pilze, Ziegenlippe und Marone mit lederfarbenen Hüten, rötliche und violette Reizker, schöne rote Fliegenpilze und massenhaft Knollenblätterpilze von alarmierender Helligkeit, manchmal in der Formation von Hexenringen. Unterm Schuh federt der Boden auf dicken grünen Moospolstern.

Nach Osten flacht der Dünenberg ab, wir laufen zwischen Waldrand und Magerrasen auf einer sanft geneigten Böschung über die dunkelgrüne harte Schicht einer festen Moosfläche, die in der Dürre des Sommers wie aufbrechendes Eis in Schollen auseinandergetrieben worden ist. Und doch sitzen sie auf dem Sand fest wie auf den Boden zementiert. Auf dem Gelände drumherum blühen allerlei Kräuter, und die Luft ist voller Insekten. Kleine Falter, die wir nicht alle benennen können, bis auf die »Landkärtchen«, die Blüten anfliegen, und den Zitronenfalter, der umhertaumelt und auf einer rosafarbenen Karthäusernelke landet. Libellen schwirren umher. Wo sie auf dem Sand landen, werfen ihre Flügel kaum einen Schatten und erinnern flüchtig an Chamissos Geschichte von Peter Schlemihl. Zwei, zu einer Begattungsklammer formiert, flattern empor. Dies ist der 15. Oktober, ein Sonnentag. Sandbienen schweben über Blüten. Der Boden ist mit Trichterfallen von Ameisenlöwen wie übersät. Aus einzelnen Löchern fliegen Käfer heraus, die sich auf meiner Hand niederlassen. Ihre Gestalt erinnert an Ohrenkneifer, aber bei genauerem Hinschauen erscheinen sie als zangenbewehrte schlanke Käfer mit kurzen Flügeldecken. Zu Hause lese ich, dass es sich wohl um den Halbflügler *Philonthus nitidus* handelt.

Wir sind im Biosphärenreservat und stehen plötzlich vor einem hohen Maschendrahtzaun um ein kleines Gelände, nur so groß wie ein Handballfeld. Ein Schild erklärt, dass man hier, finanziert vom EU-Landwirtschaftsfond, die »Wiederansiedlung der Sand-Silberscharte« versuche. Später ermitteln wir, dass es sich bei der Silberscharte um eine in den Weiten der zentralasiatischen Steppen beheimatete Pflanze mit dichter, flacher Blattrosette handelt, aus deren Mitte sich ein langer mit einem blauen Blütenpompon geschmückter Halm emporschiebt.

Auffällig unter der Vielfalt der blühenden Pflanzen sind die Kolonien von Grasnelkenmassen an den Wegrändern. So viele von ihnen und ihren Nachbarn sind uns nicht bekannt! Sollte man nicht jedes Gras, jedes Kraut wenigstens bei seinem umgangssprachlichen Namen nennen können?

So geht das: Man findet draußen einen Anblick, der mit dem Arrangement von blühenden Kräutern und alten Bäumen, vielleicht auch wegen des lilafarbenen Schimmers über der weiten Ebene im Kontrast zur grünen Kulisse des Kiefernforstes, uns zum Innehalten bringt. Da ist etwas Vollkommenes und wir meinen, es durch unsere Anwesenheit diesmal nicht zu stören. Wäre die Welt in diesem Moment eine Melodie, so wären wir selbst wie Töne darin. Und doch bleibt uns die Sucht zu fragen.

Elisabeth nimmt mit dem Smartphone Bilder von Kräutern auf, und ein Programm zur Identifikation zeigt uns eine Auswahl ähnlicher Fotos und gibt die dazu gehörenden Namen. Wir entscheiden, welches dem am nächsten kommt, was wir vor Augen haben: So finden wir das Kleine Habichtskraut, das spät blühende Labkraut, das Gemeine Leinkraut, die Graukresse. Da haben wir die Antworten.

»Wer fragt, kriegt Antworten«, sei ein unter Psychoanalytikern geläufiger Spruch, erklärt eine Psychoanalytikerin. Das Wort »Antworten« klingt aus ihrem Mund ein wenig verächtlich. Und in der Tat: Was weiß ich, wenn ich den Namen weiß? Mag sein, dass ich dafür in einer Quizshow eine hübsche Summe gewinne oder in der Schule eine gute Zensur kriege, aber das sind andere Spiele. Was steckt im Namen eines Lebewesens, was erfahre ich über seine Welt und sein Verhältnis zu meiner Welt? Elisabeth meint, dass der Trick im Weiterfragen bestehe: Der Name sei

sozusagen das Portal, durch das wir das Territorium anderer Lebewesen betreten, und der Name hat deshalb sogar etwas tief Befriedigendes, weil er die Frage »Wie heiße ich?« vollständig beantwortet (eine Art »Rumpelstilzchen«-Effekt). Das ist bei den meisten anderen Fragen, die auftauchen, sobald ich mich auf das bezeichnete Gegenüber eingelassen habe, meist nicht so.

Die Welt ausfragen: Das ist womöglich eine genetisch verankerte Neigung unserer Spezies. Es ist nicht klar, wohin die Antworten führen, die wir vernehmen. Vielleicht ist es aussichtsreicher, sich eine Art Dialog mit dem Superorganismus Wald vorzustellen. – Fragen, die Fragen nach sich ziehen. Und belegt diese ganze Fragerei nicht auch, dass wir fremd sind in der Natur? Aber hier auf der vom Fichtenforst befestigten Binnendüne ist es, als ob das Land selbst eine Stimme erhebt: Lass das Fragen, das Wiederholen von Daten und Informationen, und schau einfach von diesem Sandberg über die grandiose Talebene mit ihren grün bewaldeten Moränenhügeln. Siehst du nicht, dass du unter Verwandten bist? So fremd, wie du meinst, bist du nicht. Fühlst du nicht, wie du im Organismus des Landes zu Hause bist?

Den Wäldern zuhören lernen

Sich auf den Wald einlassen, sich dem Wald annähern, als ob der Superorganismus eine Person sei: Wie macht man das?

Man kann sich einen Ausschnitt des Ganzen vornehmen und den auf wissenschaftlich-disziplinierte Weise studieren: die Käferfauna der Binnendüne, die Verbindung zwischen dem

Larvenstadium des Eichenbocks und der von Pilzen zersetzten Substanz sehr alter Eichbäume, die ökologische Dienstleistung von Mooren, das Vorkommen von »Stinzenpflanzen« in alten Wäldern, die Verkaufschronik von Plaggenböden in Zeiten vor Nitrat- und Phosphatdüngung bis hin zu historischen Quellen etwa über den Aufenthalt der (nach der Struensee-Affäre) verbannten dänischen Ex-Königin Caroline Mathilde 1772 im Jagdschloss Göhrde.

Jeder irgendwie dem Wald verbundene Gegenstand, der mit dem Werkzeug der Fächer Biologie, Ökologie, der Forstwissenschaften und der Geschichtsschreibung untersucht werden kann, bietet uns einen Zugang zur Annäherung. Der Wald erscheint da als Sammelsurium von Studiengängen. Meist strahlen Untersuchungen einer einzelnen Studienfacette auf andere Themenbereiche aus, und manchmal erhebt sich der eng fokussierte Blick, um ein neues Studiengebiet in die akademische Welt zu bringen. Die Mykorrhiza-Symbiose bietet ein aktuelles Beispiel. Es ist faszinierend zu verfolgen, wie diese neue Erkenntnis in jedem der von ihr berührten Fächer neue Konzepte hervorruft. Die Forstwissenschaft, wie sie etwa im Geschäftsbericht der Niedersächsischen Landesforsten 2021 auftritt, betont den Wert alter Wälder, die Einrichtung von Gebieten, in denen man auf Holzwirtschaft vollkommen verzichtet, und die Resi-

© Helmut Schnieder

lienz von Mischwäldern, deren Vermehrung durch Umbau und Waldverjüngung angestrebt wird. Die Mykorrhiza ist namentlich nicht genannt, aber die bereits laufende Umsetzung der forstwirtschaftlichen Pläne schafft für das *wood wide web* unter den gegebenen Umständen bestmögliche Bedingungen.

»Der Wald – ein Studiengang« könnte das weltumspannende Projekt heißen, dessen Erkenntnisse dem Fortbestand der

Wälder dienen. Man kann die wissenschaftliche Bindung auch als persönlichen Studiengang pflegen. Der wird dann zum Bildungsgang. Ich sehe Freund Wolf-Peter vor mir, vertieft zuerst in das Studium seltener Bäume (Elsbeere, Wildapfel), Jahre später in die Untersuchung des Einflusses sehr alter Bäume auf ihre unmittelbare Umwelt, neuerdings den Spinnentieren zugewandt und begeistert erzählend von den höchst seltenen Arten, die er auf der Düne fotografiert: Er ist vom wissenschaftlichen

Forschergeist erfasst, ähnlich wie es Goethe war, ähnlich wie es Dutzende liebenswerter Menschen sind, die zu kennen mein Gewinn ist.

Wahrscheinlich entwickelt dies komplexe disziplin-gebundene Studium im Lauf der Zeit durch persönliche Erfahrungen und Erlebnisse eine weitere Dimension – eine intime Kenntnis, die William Least Heat-Moon »Tiefenkarte« genannt hat. Unter dieser Bezeichnung ist sein dickes Buch (624 Seiten) über einen kleinen Ausschnitt der Prärielandschaft von Kansas erschienen. Seine Tiefenkarte beschreibt die persönliche Bindung an einen Ausschnitt des Landes und stellt dadurch dessen Identität (Einmaligkeit, Individualität) her. In Tiefenkarten-Gestalt tritt sie als Persönlichkeit hervor. Am einfachsten lässt sich eine Tiefenkarte als Ergebnis langfristiger, intensiver Auseinandersetzung verstehen. Im Lauf der Zeit bilden vielfältige Erinnerungen ein

© Helmut Schnieder

Sediment einander überlagernder und ergänzender Schichten, das wir als allmähliche Aneignung vorantreiben, als Anverwandlung des anfangs fremden Geländes in ein Zuhause.

Die Tiefenkarte in diesem Sinn ist weder thematische Karte noch die Kartierung einer Gewässertiefe, sondern ein Spiegel der Befindlichkeit des Kartierenden – der Zustand, in dem er oder sie gewissermaßen selbst zur wandelnden Karte geworden

Nachthimmel über der Binnendüne © Helmut Schnieder

ist. Ich sehe eine Verbindung zwischen den Wegen des disziplinorientierten Studiengangs und der Tiefenkartierung: Weil man mehr wahrnimmt, als das, was zum Gegenstand der Untersuchung gehört, bleibt ein gewissermaßen mitgängiger Lerneffekt, und im Lauf der Zeit bildet dieser ein eigenes kartografisches Narrativ. Der Zusammenhang ist keineswegs zwingend, tritt aber nach meiner Beobachtung in Gesprächen öfters zutage.

Vielleicht geht es anderen mit ihren Waldbesuchen ähnlich wie mir mit der Düne: Schicht um Schicht lagern sich Jahr für Jahr Bilder, Eindrücke, Berichte, Begegnungen aus dem Dünenwald im Erinnerungsraum meines Hirns. Manche davon belegen Naturbegegnungen, die ich als »stark« bis »kostbar« bezeichne und die oft auch interessante Phänomene präsentieren.

Die Fläche südlich des Pfades ist von Wildschweinen ziemlich lückenlos aufgepflügt. Die Tiere kommen offenbar aus dem Riedgrasdickicht in der Löcknitz-Niederung. Kämen sie über die Düne, wäre der Boden mit ihren Trittsiegeln bedeckt. Aber der Weg hält ausschließlich Spuren unserer Schuhsohlen akkurat im pulverfeinen Sand fest. An Wintertagen ist der Sandboden manchmal schneeüberdeckt, im Frühsommer sind die Wegränder mit Tausenden blühender Hornveilchen übersät, im Spätsommer erscheinen dort über Nacht seltsame schwarze Pilze oder weit ausschwingende Hexenringe von Parasolen. Der Boden steckt voller Überraschungen. Manchmal segelt am Himmel ein einzelner Adler, einmal auch ein Trupp von drei einander akrobatisch umspielenden Adlern. Öfters sehe ich ein Heer von Kranichen und manchmal ein Geschwader von Singschwänen, ihr weißes Gefieder im winterlichen Sonnenlicht aufleuchtend vor dem milchblauen Himmel. Ich erinnere den strengen Winter 2011, als das Brack zugefroren war, und gleich hinter dem Sperrdamm eine schier endlose Eisfläche begann, die erstarrte Flut des Elbe-Hochwassers, die das gesamte Weideland der Wische (Flutebene) abdeckte und in eine vom Wind leer gefegte dunkelgraue Platte verwandelte. Unverhofft kamen zwei nach vorn gebeugte Gestalten ins Bild, wie Scherenschnitte glitten sie mit den eleganten Bewegungen der Schlittschuhläufer auf der Langstrecke vorüber. Ich sah zu, wie sie in den weißen Tiefen des Raumes kleiner wurden und wie dabei der gelbrote Sonnenball aus dem Neon-Himmel auf die Linie des bewaldeten Horizonts der Langendorfer Höhe herabsank. Einmal, im Mai, beobachtete ich eine Schildkröte. Sie hing reglos auf dem im Brack treibenden Ast, glitt unvermittelt wie eine Handbewegung unter die Oberfläche und verschwand. All diese Beobachtungen deuten einen erstaunlichen Reichtum an. Ich komme aus dem Zustand des Staunens nie ganz heraus. Irgendwie steckt die Natur voller Überraschungen, und meist bleibt trotz der Erklärungen ein unerklärter Rest. Vielleicht ist die Rede vom »Ende in sich selbst« akzeptabel.

(Das Brack ist durch Auskolkung beim Durchbruch des Hochwassers im Winter 1888 entstanden, als die Eisschollen der Flut aus Elbe und Löcknitz, die sich im weiten Tal der Lenzer Wische gesammelt hatte, die Düne an dieser Stelle durchbrachen. Die Flut formte hier einen mächtigen Strudel, der die Sandschwelle ausspülte und sich in den Dünenboden hineinschraubte. Die Tiefenkarte für Angler markiert die tiefste Stelle mit sechs Metern.)

Obwohl der an den Wissenschaftsdisziplinen ausgerichtete Studiengang mit seinem Anspruch auf Objektivität den subjektiven Aneignungsmodus der Tiefenkarte zu vermeiden sucht, ergänzen die beiden Wege einander doch aufs Schönste. Die Frage, welcher von beiden der richtigere sei, um den Wald zu verstehen, führt leicht auf Abwege. Besser ist die Frage, wie A und B in Wechselwirkung geraten.

Der wissenschaftliche Diskurs bearbeitet – angesichts des komplexen Organismus Wald – Konzepte wie »Konkurrenz und Kooperation«, »Vernetzung«, »Symbiose«, »Kommunikation«, »Grenzen des Individuums« auf eine Weise, die zunehmend dem nahe kommt, was als »Vermenschlichung« galt und einigermaßen vehement abgelehnt wurde. Dass die Entdeckerin des Ausmaßes der Mykorrhiza-Symbiose, Suzanne Simard, diese Grenze wie selbstverständlich überschreitet (»Mutterbaum« als Schlüsselkonzept, der Vergleich des artübergreifenden *wood wide web* mit dem menschlichen Hirn), hängt wahrscheinlich nicht nur mit der von ihr gepflegten engen Zusammenarbeit mit indigenen Forscherinnen zusammen, sondern scheint mir auch eine neue Plattform des wissenschaftlichen Diskurses selbst zu markieren, eine Aussichtsplattform, von der aus neue Horizonte in den Blick geraten.

Mir scheint auch das Potenzial des Tiefenkarten-Ansatzes noch einigermaßen unausgeschöpft. Man könnte weitergehen und die Stimme der indigenen Kulturen einbeziehen, die im Lauf der letzten Jahrzehnte ohnehin immer stärker zu vernehmen sind, seit die Zahl der Wissenschaftlerinnen und Wissenschaftler zunimmt, welche die Wissenschaftskultur vertreten (und die Wissenschaftssprache beherrschen), diese aber als Angehörige einer Nation von Ureinwohnern ihrem indigen geprägten Weltbild unterordnen.

Die Bryologin (Expertin für das Fachgebiet »Moose«) und Angehörige der Potawatomi-Nation Robin Kimmerer etwa interpretiert ihrer indigenen Perspektive gemäß die ökologische Verflochtenheit aller Agenten im Waldgefüge als Muster wechselseitiger Dankbarkeit. Die Organismen nehmen nur das bisschen, das sie zum Leben brauchen, und geben großzügig zurück. So hält ihr Dasein Wolken und Flüsse, Bäume, Vögel, Algen und Salamander am Leben, und alle Wesen erweisen einander Dankbarkeit. In ihrem Buch »Das Sammeln von Moos« erklärt sie die Überzeugung, dass Menschen den Dank des Waldes wortwörtlich vernehmen können. In der beseelten Welt ist die geistige Dimension der Dinge nichts Abstraktes, sondern konkret zugänglich. Damit ist also nicht gesagt, dass der Wald mit Menschenstimme spricht, sondern nur, dass wir klar und deutlich vernehmen, was er sagt. Alles ist jetzt und hier da. Metaphorische Aussagen verlieren ihre transzendentale Bedeutung. So wird es vorstellbar, ein Leben im Dialog mit anderen Lebewesen zu führen. Ihr Buch »Geflochtenes Süßgras« kann als Einführung in eine Ökologie nach indigenem Konzept verstanden werden.

Neu und in gewissem Sinn unerhört ist es, dass man Stimmen wie die von Robin Kimmerer innerhalb des Diskurses zunehmend häufig zitiert findet. Möglicherweise kommen hier uralte Sympathien zum Tragen – eine Sicht der Dinge, die gewissermaßen untergründig nie völlig verloren gegangen ist, die man aber so lange zu umgehen versteht, wie die Kommunikation vom Jargon beherrscht ist. Das alte Verhältnis zur Natur, das Jacob Grimm in der »Deutschen Mythologie« und Lynn White für das vorchristliche Heidentum universell beschrieben haben, war in der Kulturgeschichte stets präsent, auch wenn es nur selten – etwa in Spinozas Philosophie und bei Goethes Dichtkunst – offen hervortrat. Allerdings scheint mir die Lyrik durchgehend ein dialogisches Bild von der Natur bewahrt zu haben. Unter den vielen Waldgedichten der deutschen Lyrik sprechen die meisten das Wesen, die Seele, den Geist des Waldes an, als ob er nicht durch Theologie und Wissenschaft längst vertrieben worden sei.

Fundstücke von einem Spaziergang auf Sandwegen durch die Tinsdaler Heide im Westen von Hamburg im Sommer 1999

Naturdrucke © Helmut Schreier

Jedes Frühjahr drängt sich die letzte Zeile aus Fontanes Gedicht »Frühling« in meinen Kopf: *»Es wagt es der alte Apfelbaum. Herze, wag's auch du.«* Nimmt man die Erkenntnis der Botanik hinzu, so steigert das nur die Waghalsigkeit des Risikos: Das Aufbrechen der Blütenknospen enthüllt die Sexualorgane und bietet sie der Welt dar, völlig schutzlos, aber in der Hoffnung, andere Arten von Lebewesen zu locken, ihnen Pollen und Nektar zu geben und listig von ihnen zu empfangen. Die Mischung aus Risiko und Hoffnung, Teil der Lebenserfahrung anderer Lebewesen, ist auch mir wohlbekannt und spricht mich an, weil sie auch meine eigene Erfahrung betrifft. Dass ich den Apfelbaum in ähnlicher Lage finde, lässt eine Art Mit-Gefährtenschaft aufblitzen und vermittelt mir das beruhigende Gefühl, Teil eines umfassenden Zusammenhangs zu sein. Wir beide, der Baum und ich, sind schließlich – ganz wissenschaftlich – miteinander verwandt und bewohnen diesen Wahnsinns-Planeten in einer Art Symbiose (Man bedenke: Apfelbäume haben einige von uns dazu gebracht, Apfelplantagen von gigantischen Ausmaßen anzulegen, sodass ihre Art – im Sinne der Darwin'schen Theorie – aus der Fähigkeit, Menschen zu verführen, einigen Gewinn zieht).

Apfelplantagen – Kiefernplantagen – Wälder und Waldlandschaften und die Immanenz der Dinge: Ich bin zuversichtlich, dass Studiengänge, Tiefenkarten und die Renaissance der beseelten Welt sich miteinander von uns zu einem hübschen Zopf verflechten lassen.

Blätter eines Eichenbäumchens bei der Assimilation im Sonnenlicht über dem dunklen Wasser der Tongrube Rüterberg

© Helmut Schreier

ZITIERTE TEXTE

Andrew Adamatzky: Language of fungi derived from their electrical spiking activity. Royal Society Open Science, 2022, doi: 10.1098/rsos.211926

Nicolas Born: Ein paar Notizen aus dem Elbholz. In: Ders., Gedichte. hrsg. Katharina Born. Göttingen: Wallstein 2004

Jacob Grimm: Deutsche Mythologie. Dritte Ausgabe. Göttingen: Dieterichsche Buchhandlung, 1854

Karl Jaspers: Vom Ursprung und Ziel der Geschichte. München: Piper 1949

Hermann Junack: Die Vorstufen einer Waldwirtschaft in Gartow von 1687 bis 1840. Dissertation zur Erlangung des Doktorgrades des Forstwissenschaftlichen Fachbereichs der Georg-August-Universität Göttingen. Zwei Bände. Göttingen 1989

Axel Kahrs: Zu Nicolas Borns Gedicht »Ein paar Notizen aus dem Elbholz« In: TEXT & KRITIK Nr. 170 - IV/2006, S. 100–111

Hans-Jürgen Kelm: Die Trauben-Eiche (Quercus petraea LIEBL.) im Landkreis Lüchow-Dannenberg. In: Rundbrief 2014 für den Botanischen Arbeitskreis in Lüchow-Dannenberg

Robin W. Kimmerer: Geflochtenes Süssgras. Die Weisheit der Pflanzen. Übers. Elsbeth Ranke. 461 Seiten. Berlin: Aufbau Verlag 2021; ursprgl. »Braiding Sweetgrass« Minneapolis: milkweed editions 2013

Robin W. Kimmerer: »The Forest Gives Thanks to the Mosses« in dies.: Gathering Moss. A Natural and Cultural History of Mosses. Penguin 2011; inzwischen auch deutsch: Das Sammeln von Moos. Aus dem Amerikanischen von Dieter Fuchs. Berlin: Matthes & Seitz 2022

Verlyn Klinkenborg: The Forest's-Eye View. In: The New York Review of Books. 21. Juli 2022

William Least Heat-Moon: PrairyErth (a deep map). Boston: Houghton Mifflin Co. 1999

Niedersächsische Landesforsten: Waldstück. Geschäftsbericht 2021. Gemeinwohlbilanz. Braunschweig 2022

Robert Macfarlane: Im Unterland. Eine Entdeckungsreise in die Welt unter der Erde. Aus dem Englischen von Andreas Jandl, Frank Sievers. München: Penguin 2019, insbes. Abschnitt 4 über den Epping Forest

Benjamin Piel: Plötzlich sind die Grafen die Bösen. Zeit-Online, www.zeit.de/politik/deutschland/2017-10/niedersachsen-atomkraft-windkraft-andreas-graf-bernstorff-landtagswahl (zuletzt 17.2.2023)

Richard Powers: Die Wurzeln des Lebens. Fischer Tb, 3. Aufl. 2020 (The Overstory, Norton & Co. 2018)

Jürgen Prüser: Die Göhrde, ein Beitrag zur Geschichte des Jagd- und Forstwesens in Niedersachsen. Hildesheim 1969. Zitiert nach Peter Brauer, Ulrich Löb, Jürgen Prüser: Die Göhrde. Ein Forst und seine Geschichte. Naturum Göhrde, Göhrde

D. J. Read, R. Francis, R. D. Finlay: Mycorrhizal mycelia and nutrient cycling in plant communities. In: Fitter, Atkinson, Reade, Usher (ed.): »Ecological Interactions in Soil« Oxford: Blackwell Scientific 1985

Johann Parum Schultze: Die Wendland Chronik, geschrieben in der ersten Hälfte des 18. Jahrhunderts. Herausgegeben von Karl Kowalewski. Lüchow: Alte Jeetzel-Buchhandlung und Verlag 1991

Merlin Sheldrake: Verwobenes Leben: Wie Pilze unsere Welt formen und unsere Zukunft beeinflussen. Alles über das geheime Leben der Pilze. Übers. Sebastian Vogel. Berlin: Ullstein Hardcover 2020

Suzanne Simard, D. A. Perry, M. D. Jones et al.: Net transfer of carbon between tree species with shared ectomycorrhizal fungi. »Nature« 388, 1997, 579–582

Suzanne Simard: Die Weisheit der Wälder: Auf der Suche nach dem Mutterbaum. Übers. Manfred Allié, Gabriele Kempf-Allié. München: btb (Penguin Random House) 2022. Engl.: Finding the Mother Tree. Uncovering the Wisdom and Intelligence of the Forest. Penguin Random House UK 2021. Das Buch ist fast zeitgleich in den USA bei Alfred Knopf erschienen unter dem ähnlichen Titel »Finding The Mother Tree. Discovering How the Forest is Wired for Intelligence and Healing«. In einer Großdruck-Ausgabe, ebenfalls zeitgleich, lautet der Titel »Finding The Mother Tree. Discovering the Wisdom of the Forest«

Suzanne Simard: How I uncovered the hidden language of trees. In: »New Scientist«, Issue 3332, »Are Trees Sentient?« 1 May 2021, in diesem Buch übersetzt von H. Schreier.

Publius Cornelius Tacitus: Germania. De Origine et situ Germanorum Liber, 1–5, Das Land und seine Geschichte

Norisama Takayama: »The therapeutic effect of taking in the atmosphere of a forest«, 2008. http://web.fi.ibimet.cur.it/MMV4/data/files/Takayama (zuletzt 17.2.2023)

Lynn White, Jr.: The Historical Roots of Our Ecologic Crisis. »Science«, New Series, Vol. 155, No. 3767 (Mar. 10, 1967), pp. 1203–1207, für dieses Buch übersetzt von H. Schreier.

Monika Wulf und Hans-Jürgen Kelm: Zur Bedeutung »historisch alter Wälder« für den Naturschutz – Untersuchungen naturnaher Wälder im Elbe-Weser-Dreieck. Norddeutsche Naturschutzakademie. Berichte. Heft 3, 1994, S. 15–50

Marina Winkler: Wood Wide Web – Wahrheit und Mythos. www.baumpflegeportal.de/sonstiges/wood-wide-web-wahrheit-mythos/ (zuletzt 17.2.2023)

Wolfgang Ziegler: Die Käferfauna der Binnendüne von Klein-Schmölen bei Dömitz/Elbe. In: »Virgo« 22. Jg. 2019. www.zobodat.at/pdf/Virgo_22_0003-0027.pdf (zuletzt 17.2.2023)

DANK DES VERLAGES

Für die EUROPEAN ESSAYS arbeiten wir in der Bebilderung mit Bildenden Künstlerinnen und Künstlern zusammen, insbesondere mit RÜDIGER TILLMANN, von ihm stammen die betörenden Federzeichnungen im Vor- und Nachsatz dieses Buches sowie weitere Zeichnungen. Mehr von ihm findet man z. B. hier: www.derwaldrauscht.de.

Die genauen, gezeichneten Porträts der Autorinnen und Autoren der Serie stammen von ANIKA TAKAGI.

Von HELMUT SCHNIEDER stammen die verstörend schönen Nachtaufnahmen aus dem Elbholz und weitere Waldbilder. Mit seinen Sternenbildern existiert ein Buch: Sternennächte im Vierländereck, ISBN 978-3-245524-133-2.

DETLEV RASENBERGER danken wir für die Abdruckgenehmigung seines Werkes auf S. 39.

MARKUS KLUGER (infografiker.com) für seine Karthografie, die ebenfalls Bestandteil der Buchreihe ist.

Für weitere Abdruckgenehmigungen danken wir den Kolleginnen und Kollegen:

beim Landesamt für Geoinformation und Landesvermessung Niedersachsen für die historischen Karten,

der Penguin Random House Verlagsgruppe GmbH für die Abdruckrechte der Übersetzung aus Suzanne Simards »Die Weisheit der Wälder«,

der Wallstein Verlag GmbH und Irmgard Born für die Abdruckrechte an den Gedichtauszügen von Nicolas Born,

dem Muséum national d'Histoire naturelle in Paris für das Pilz-Aquarell von Jean-Henri Fabre, der Alte Jeetzel-Buchhandlung und Verlag GmbH für die Zitate aus der »Wendland-Chronik« von Johann Parum Schultze.

Von Helmut Schreier stammen Fotos und Drucke.

Wir danken Elisabeth von Maltzahn für ein Foto und vorzügliche Bewirtung.

DANK DES AUTORS

an Swen Alpers, den hilfreichen Kenner kluger Bücher und märchenhafter Wälder,

an Adrian Bayley, Meister der Feldstudien, Compagnon bei der Erforschung des Long Mynd und der Tinsdaler Heide,

an Carmen Borchers, die freundliche Wächterin der Tongruben-Lebensgemeinschaft,

an Heinrich Fahren, meinen im Landleben verwurzelten Nachbarn,

an Katrin Hille, die aktuelle Konzepte – die Schriften von Judith Harris und Suzanne Simard – mit mir teilt,

an Otto Jansen und an Gebhard von Wense – beide Jäger, deren Jagd-Ethik mich berührt hat,

an Klaas Jarchow, Impulsgeber und sensibler Dirigent des verlegerischen Orchesters,

an Axel Kahrs, den Freund mit der leichten Rede und der tiefen Literatur-Symbiose, die das Nature-Writing einschließt,

an Hans-Jürgen Kelm, den Kenner und Beschützer alter Wälder, der seine Buchschätze mit mir geteilt hat,

an Heinke Kelm, die – in der Welt der Botanik zu Hause – jedes Kraut, Moos, Gras identifiziert und deren Lebensgemeinschaften erhalten hilft,

an Claus-Peter Lieckfeld, der die Ökologie der Heide versteht und mit den Heidegeistern vertraut ist,

an Jürgen Liepe für den fortlaufenden Diskurs über die feinen Unterschiede der urbanen im Vergleich zur ländlichen Lebensweise, an Monika und Klaus Müller-Klug, Erbauer des Skulpturengartens, in dem Kunst und Natur einander kommentieren,

an Waldemar Nottbohm, dessen Wächter-Skulpturen aus Eiche Gilgameschs Zedern-Geist in den Auenwald bringen,

an Wolf-Peter und Maren Polzin für Gespräche und Exkursionen bei den Rostocker Baumtagen, am Elbufer und bei der Binnendüne,

an Hans-Helmut Poppendieck für Exkursionen an die Wakenitz und in den Hasbruch, und viele schöne Gespräche über unser Baumland,

an Helmut Schnieder, der Tag und Nacht Baumbilder und Sternbilder aufnimmt, um sie mit allen zu teilen,

an Ulrich Vollmers für den langen und andauernden Austausch über Wälder, Bäume, Hunde und Menschen,

an meine Frau Elisabeth von Maltzahn: Sie führt das Gespräch mit mir auf unserem Weg durch Feld und Wald und pflückt mit mir – in den Worten des irischen Dichters William Yeats – »die Silberäpfel des Mondes und die Goldäpfel der Sonne«.

PAUL HELMUT SCHREIER

war Professor am Fachbereich Erziehungswissenschaften der Universität Hamburg, dort auch Geschäftsführender Direktor des Instituts für Didaktik der sozialwissenschaftlichen Fächer sowie Visiting Professor an der Universität of Texas, der Texas Wesleyan University und der University of Nebraska. Er ist Ehrendoktor der Christian-Albrechts-Universität Kiel.

Von ihm liegen zahlreiche wissenschaftliche Veröffentlichungen vor, u.a. zur Philosophie John Deweys. Darüber hinaus hat eine Reihe von weiteren Büchern veröffentlicht: »Die Spur der Steine«, »Ein Fußgänger auf der Reise in der Neuen und in der Alten Welt«, »Bäume«, »Urstromtal« und »Baumland« (Letzteres gemeinsam mit Hans-Helmut Poppendieck).

»Je älter ich werde, umso deutlicher erkenne ich meine Abhängigkeit von der Natur: ihren Reichtum, ihre Großzügigkeit, die Quelle meiner Freuden, meines Nachdenkens und meiner Depressionen: Ist es zu spät? Wird die Erde unbewohnbar werden für Mensch und Tier? ... Die Pflanzen und Pilze machen mir keine Sorge: Sie werden noch da sein, wenn wir weg sind. Die Menge der Dinge, die mich zum Nachdenken und zur Bewunderung bringen, verblüfft mich. Wenn man den Blick für die außergewöhnlichen Erscheinungen, die uns umgeben, bewahrt, gewinnt man im Lauf des Lebens eine neue Lesart der Natur: Was kurios erschien, offenbart eine philosophische Dimension und behält doch die ursprüngliche Rätselhaftigkeit und das Alltägliche – vom Sonnenaufgang bis Sonnenuntergang und die Nacht hindurch. Hierüber berichte ich von Zeit zu Zeit in einem Blog: naturlesen.wordpress.com.«

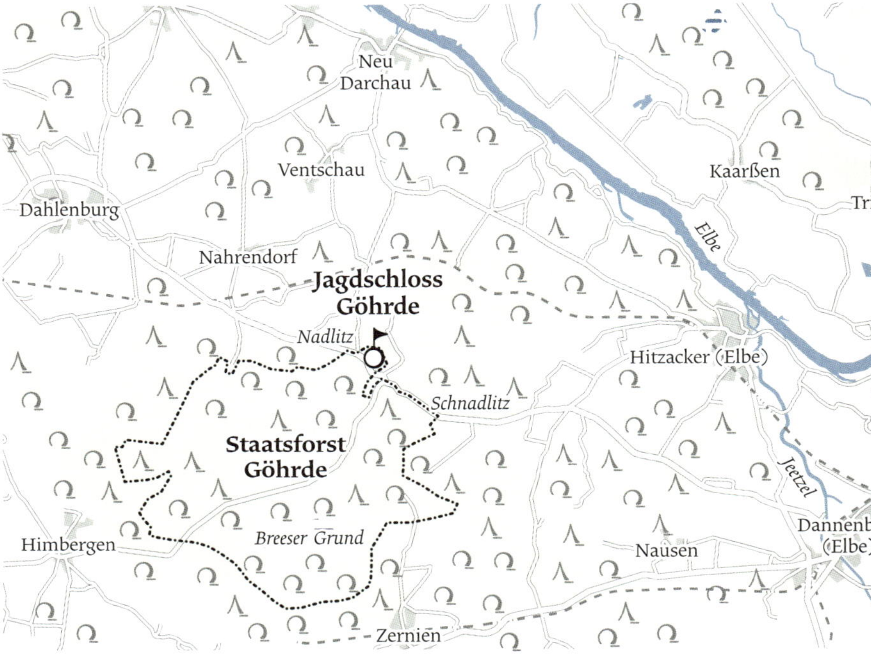
Neu
Darchau
Ventschau
Kaarßen
Dahlenburg
Elbe
Nahrendorf
Jagdschloss
Göhrde
Nadlitz
Hitzacker (Elbe)
Schnadlitz
Staatsforst
Göhrde
Jeetzel
Breeser Grund
Himbergen
Nausen
Zernien

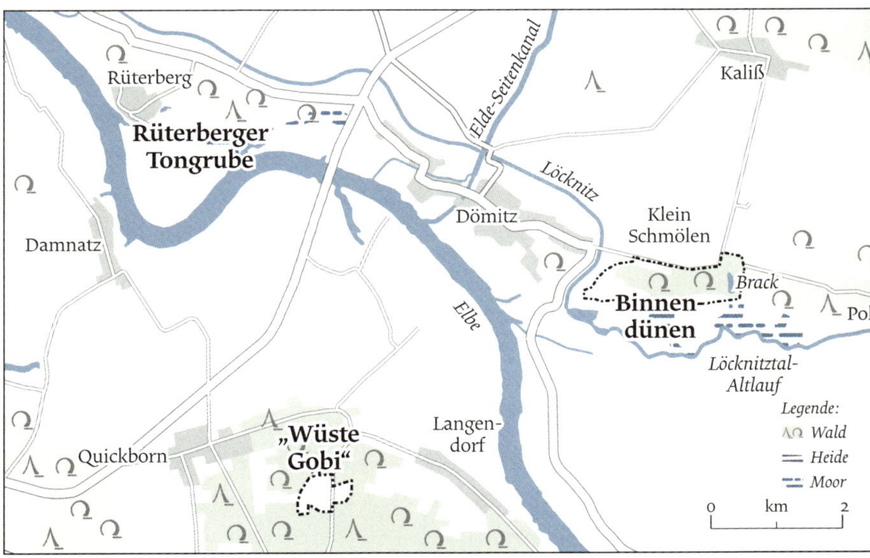
Rüterberg
Elde-Seitenkanal
Kaliß
Rüterberger
Tongrube
Löcknitz
Damnatz
Dömitz
Klein
Schmölen
Brack
Binnen-
dünen
Elbe
Löcknitztal-
Altlauf
Legende:
Wald
Heide
Moor
0 km 2
Langen-
dorf
„Wüste
Gobi“
Quickborn

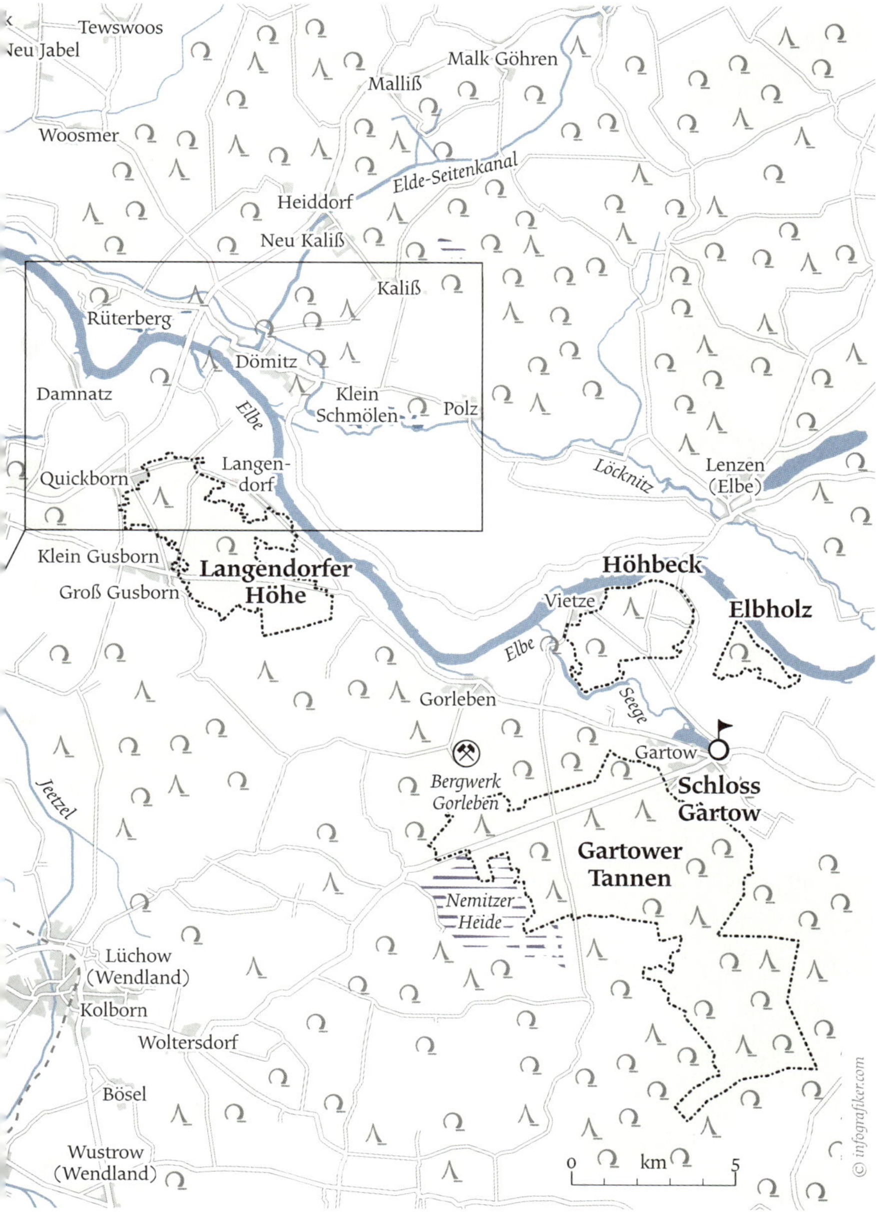

Tewswoos
Neu Jabel
Malk Göhren
Malliß
Woosmer
Elde-Seitenkanal
Heiddorf
Neu Kaliß
Kaliß
Rüterberg
Dömitz
Damnatz
Klein
Schmölen
Polz
Elbe
Langen-
dorf
Quickborn
Löcknitz
Lenzen
(Elbe)
Klein Gusborn
Langendorfer
Höhe
Groß Gusborn
Höhbeck
Vietze
Elbholz
Elbe
Seege
Gorleben
Gartow
Schloss
Gartow
Bergwerk
Gorleben
Jeetzel
Gartower
Tannen
Nemitzer
Heide
Lüchow
(Wendland)
Kolborn
Woltersdorf
Bösel
Wustrow
(Wendland)
0 km 5
© infografiker.com

ANDERE WÄLDER
Empfehlungen des Autors zu Waldbesuchen

Eine der besten Freuden, die ich kenne, ist es, in verschieden eingerichteten Waldräumen unterwegs zu sein, zu Fuß »umherschweifend« (»sorgenfrei« und ziellos, wie es Horaz in seiner Ode vom »integren Leben« – *integer vitae scelerisque purus* – zu einer Zeit formuliert hat, als ihn unter den heute noch lebenden Bäumen nur ein paar Eiben hätten vernehmen können, immerhin). Wanderkarte und Zielidee helfen bei solchen Waldgängen, solange sie die Stimme des Waldes nicht übertönen. Man sollte bereit sein, den Verlockungen dieser Stimme zu folgen, auch wenn das einen Umweg bedeutet.

Welche Wälder sind leicht erreichbar, für Spaziergänger eingerichtet – digitale Wanderkarte verfügbar – und doch so wild und attraktiv, dass sie Begegnungs-Erlebnisse bieten? Ich gebe drei Beispiele aus Norddeutschland und füge ein viertes hinzu, das ganz aus dem Rahmen fällt.

Der **Hasbruch** bei Delmenhorst ist leicht zu finden, bei der Raststätte »Hasbruch Nord« an der A 28 bei Ganderkesee, dort ist auch die Abfahrt rechts zum Naturschutzgebiet Hasbruch, Parkplatz etwa nach einem Kilometer beim Forsthaus, Wanderkarte abrufbar unter www.hasbruch.de/hasbruch/freizeit/wanderkarte. In der Mitte als Querriegel der »Urwald« oder »Naturwald«: Der älteste Teil des Waldes mit den alten Huteeichen, von denen sich vor allem die »Friederikeneiche« als Wanderziel anbietet. Das gesamte Gebiet wechselt vom Bruchwald mit seinen Wasserzügen (spektakulär die »Brookbäke«) zu weit offenen alten Wäldern mit selten ausgedehnten Weißbuchenbeständen, deren zu Bergen aufgetürmtes Totholz an versteinerte Muskeln erinnert, oder Strecken von Ilex, der das Gelände des Unterholzes ganz für sich beansprucht. Die Stechpalme, englisch *Holly*, wächst hier deshalb in Massen, weil das Klima ähnlich feucht sei wie das in England, meint Hans-Helmut Poppendieck. Wir fragen uns, ob der Name »Hollywood« zur Übersetzung von »Hasbruch« taugt. Breite Waldwege, sogar Kastanienalleen und anderes Menschenwerk wie Aussichtstürme, Hütten und aus stehendem Altholz geschnittene Skulpturen erscheinen im Wechsel mit anscheinend vollkommen unberührten wilden Passagen.

Zugegeben, der Name »Nationales Naturmonument **Ivenacker Eichen**« klingt ziemlich grandios, und die Bundesstraße 194 bei Stavenhagen erscheint auf den ersten Blick ein wenig abgelegen, aber die Mecklenburgische Seenplatte, wo dieser Wald mitsamt Wildgehege liegt, ist ein beliebtes Urlaubsziel, und wer die Ansammlung uralter Huteeichen einmal besucht hat, vergisst sie nicht. Der Prinzipal unter diesen Bäumen allein wäre bereits Grund genug zu kommen. Die Person links unten hinter der Stammwurzel macht die Daten auf dem Schild am Weg plausibel: Stieleiche, *Quercus robur,* vermutetes Alter ca. 1000 Jahre, Höhe 35,50 m, Stammumfang 10,96 m, Stammdurchmesser 3,49 m, Holzvolumen ca. 180 Festmeter. So alt und doch so stark, so voller Kraft und Saft! Unter den vielen Huteeichen sind weitere Prachtexemplare, und weil das Gelände als Wildgatter umzäunt ist, begegnet man auch Damwild, Wildpferden, Kühen und Turopolje-Schweinen. Baumwipfelpfad und Aussichtsturm bieten dem, der die Baumwelt zu lesen versteht, einen Blick auf das stille Drama maroder Huteeichen, die von aufstrebenden Buchen umzingelt wurden und nun an Lichtmangel eingehen. Die Buchen, die über Jahrhunderte vom Weidevieh und später von Hirschrudeln abgefressen wurden, sobald sie ihre Blättchen aus dem Boden steckten, sind nach Art der Buchen enorm rasch emporgewachsen, als die Zeit der Waldweide und der großen Jagden vorbei war.

Die **Milseburg** in der hessischen Rhön liegt in jenen Wäldern, die bereits von den Missionaren, die im achten Jahrhundert den heidnischen Riesen Mils in diesen 835 Meter hohen Berg verbannten, »Buchonia« genannt wurden, Buchenland.

»Totenlade« war das Wort, das ich für die auffällige Form des Bergs noch aus der Kindheit im Ohr habe, ähnlich, wie ich noch sehe, dass die Buchentrupps um mich herum die gleichen Hängen emporrmarschieren, die ich damals hinaufsprang und heute hinaufkeuche. Die Gestalt des Berges und die Pfade unter lichtem, schwebenden Buchengrün auf grauen Basaltfelsen unterm Fuß, die am Gipfel zu schwarzen Basalttreppen mutieren, bilden das Motiv für die unverwechselbare Melodie des Aufstiegs.

Der Berg ist von der Autobahn A 7 aus sichtbar. Abfahrt Fulda nehmen und Richtung Hofbieber fahren. Vom großen Parkplatz zwischen Danzwiesen und Kleinsassen führt ein Wanderpfad hinauf. Oben ist eine bewirtschaftete Hütte, eine Kapelle, eine Kreuzigungsgruppe, unterwegs sind Reste einer Wallanlage aus der Keltenzeit und einer Burg aus dem Mittelalter, alles auf Lehrtafeln erläutert. Aber der Buchenwald gibt den Ton an: In immer neuen Formationen scheint er vor wechselnden Panoramen zu tanzen. Eine mit uns wandernde Dame nimmt Fotos von den Auswüchsen und Knollen der Buchenstämme, die an Gesichter oder Körperteile erinnern. Zu Dutzenden belegen ihre Funde, dass der Riese Mils zwar ins Innere des Berges gebannt sein mag, seine heidnisch beseelte Welt uns indes immer noch anspricht.

Der **Platanenwald in der Fonias-Schlucht auf Samothrake** ist ein ziemlicher Geheimtipp, völlig abgelegen: Eine vergleichsweise geringe Zahl von Touristen auf der griechischen Insel will das alte Heiligtum sehen, von dem die berühmte Marmorfigur der Nike stammt, eine der Hauptattraktionen des Louvre. Den Sommer über verbindet eine Fähre Alexandroupoli an der Festlandküste mit Kamariotissa auf der Insel. Beherrscht vom Fengari-Massiv (bis 1611 m hoch) hat sie den nordwestlichen Hang mit dichter Vegetation bedeckt. Dort stürzen viele Bäche kaskadenartig zu Tal. Wasserfälle wechseln mit Gesteinströgen, aus denen neue Wasserfälle fließen. Die Mündung des Fonias lädt zum Aufstieg in die Schlucht ein, die von morgenländischen Platanen spektakulär umsäumt ist. *Platanus orientalis* wächst zu gigantischer Größe heran, der Platanenwald gewinnt eine unheimliche, irgendwie aus der Welt gefallene Dimension. Ein Touristenpaar kommt uns begeistert entgegen: *»Dass es so was gibt – da können sich unsere deutschen Wälder verstecken!«*

EUROPEAN ESSAYS ON NATURE AND LANDSCAPE
NEU AB FRÜHJAHR 2023

WO WIR LEBEN

Landschaften und Naturphänomene in Europa. Beschrieben in ihrer Eigentümlichkeit. Berichtet wird davon, was die jeweilige Landschaft ausmacht, was sie war, was sie ist, was sie wird. Die Autorinnen und Autoren haben freies Spiel, ihr persönlicher Zugang zur jeweiligen Landschaft bestimmt und führt den Text. Die Texte verleiten zum eigenen Naturerleben und -erforschen.

EUROPEAN ESSAYS

Die Bücher dieser Reihe erscheinen im Verbund mit Kolleginnen und Kollegen in Europa.

DRUCKEREI GUGLER

Die Bücher werden mit dem höchst möglichen nachhaltigen und gesundheitsverträglichen Standard gedruckt: Klimapositiv; und nur was unschädlich für Mensch, Tier und Umwelt ist, darf verwendet werden. Greenprinting ohne Greenwashing.

europeanessays.eu